著　朴艺丹　译

ONE
HABIT

원 해빗

从1开始进化

轻而易举的ONE HABIT习惯养成法

 广西科学技术出版社

著作权合同登记号 桂图登字：20-2022-199号

원 해빗 (One Habit)

Copyright © 2021 by Han Sang Man

All rights reserved.

Simplified Chinese translation Copyright ©2022 Guangxi Science &Technology Publishing House Co., Ltd

Simplified Chinese language edition is arranged with MIRAEBOOK PUBLISHING CO.

through Eric Yang Agency

图书在版编目（CIP）数据

从 1 开始进化：轻而易举的 ONE HABIT 习惯养成法 /（韩）韩相万著；朴艺丹译 . —南宁：广西科学技术出版社，2022.12

ISBN 978-7-5551-1817-6

Ⅰ . ①从… Ⅱ . ①韩… ②朴… Ⅲ . ①习惯性 – 能力培养 – 研究 Ⅳ . ① B842.6

中国版本图书馆 CIP 数据核字 (2022) 第 220855 号

CONG 1 KAISHI JINHUA: QING'ERYIJU DE ONE HABIT XIGUAN YANGCHENGFA

从 1 开始进化：轻而易举的 ONE HABIT 习惯养成法

[韩] 韩相万 著 朴艺丹 译

策划编辑：冯 兰	责任编辑：冯 兰	
助理编辑：常 坤	责任校对：张思雯	
装帧设计：古涧千溪	责任印制：高定军	
版权编辑：尹维娜		

出 版 人：卢培钊 　　　　　出版发行：广西科学技术出版社

社　　址：广西南宁市东葛路 66 号　　邮政编码：530023

电　　话：010-58263266-804（北京）

　　　　　0771-5845660（南宁）

传　　真：0771-5878485（南宁）

经　　销：全国各地新华书店

印　　刷：北京中科印刷有限公司　　邮政编码：101118

地　　址：北京市通州区宋庄工业区 1 号楼 101 号

开　　本：880mm×1240mm 1/32

字　　数：158 千字　　　　　　印　　张：7.75

版　　次：2022 年 12 月第 1 版　　印　　次：2022 年 12 月第 1 次印刷

书　　号：ISBN 978-7-5551-1817-6

定　　价：56.00 元

成为 8% 的方法

《论语》中有一句话叫"性相近，习相远"，意思是"人在出生时大多没有什么太大的差别，但是习惯不同，就会逐渐表现出很大的差异"。

孔子重视的不是天性，而是努力，即习惯的力量。在孔子生活的时代，人们也会苦恼自己总是"三天打鱼，两天晒网"，因此比起天性，孔子更推崇习惯，他的教诲在 2500 年后的今天依然有效。

在不可预期的危机持续出现的情况下，习惯的重要性显得尤为突出。自我管理能力能够让人在危机之中做到独善其身，而这一能力正是由习惯养成的。事实上，谁都明白习惯的重要性，只是实践起来很难。

美国一个研究小组的调查显示，只有 8% 的人能够实现自己的新年计划①，这也就意味着有 92% 的人没能将计划坚持到底。其实这也并不是什么令人惊讶的事情。人们往往会一咬牙立下许多目标：减肥、运动、戒烟、自我充电……但是这些始于坚强意志的目标，往往因"三天打鱼，两天晒网"半途而废。这样的事情并不少见，很惭愧，我也不例外。

"听课的时候，我感觉自己能做到，但是随着时间的流逝，往往会不了了之，这是我最大的问题。怎样才能持之以恒地坚持下去呢？"

这是我在授课过程中经常会被问到的问题。之前我会用"虽然并不容易，但是要再尝试一下"这样的话搪塞过去，但是我现在可以非常自信地回答："只要把一种行为变成习惯就可以了。让我来教您一个简单的方法吧。"

2012 年，我因为突如其来的腰痛住院，自此开始对习惯产生兴趣。那时，我一边上班，一边准备我的博士论文，所以每天坐在书桌前的时间都非常长。我很难拿出时间运动，即使偶尔腾出一点时间，最先想到的也是休息而不是运动。

直到有一天，我在家里扶着腰倒下，生平第一次被急救车送去了医院。幸好几天后我就出院了，但是这次住院的经历，对于一向自信身体健康的我来说是个极大的冲击。医生说我脊柱周围的肌肉变弱了，建议我做一些步行运动。

从那时起，我开始挑战"万步行"，却总是"三天打鱼，两天晒网"。我在腰痛时就燃起斗志，决心一定要加强运动。可疼痛稍有缓解，身体状况有所改善，我坚定不移的决心就随之烟消云散。每当这时，我的自责感就会站出来说："我好像天生意志力薄弱，所以才一事无成。"

转瞬间，自责感又会变成自我诘问："怎样才能轻松地养成好习惯呢？"

为了给盘旋在脑海当中的疑问找到答案，我不仅分析了经过科学验证的数百篇研究论文，还通过实践对其进行检验。在经过无数次试错之后，我终于找到了独属于我的方法——ONE HABIT 方法。该方法具有扎实的理论依据，通过反复验证得出，是任何人都可以轻松驾驭的 8 个习惯秘诀。从设定目标到实践方法，再到克服障碍的方法，我整理出了养成习惯的 8 个阶段，只要一一实践这 8 个阶段，就能轻轻松松养成好习惯。

自 2015 年采用 ONE HABIT 方法进行"万步行"开始，我现在已经成功养成了 9 个新习惯，还戒掉了 3 个坏习惯。不仅如此，我还通过讲课、培训等方式，广泛分享培养习惯的技巧，取得了很好的成效。

当听到人们聊起运动和减肥的话题时，我发现大家都达到了专家水平。这说明人们已经对该领域有了充分的了解，最大的问题一直都是实践。解决这个问题就需要 ONE HABIT 方法，它会直接将想法落实到行动上。为什么这么说呢？

第一，成功率高。包括我在内的很多人都实践过 ONE HABIT 方法，并且取得了惊人的效果。在实践 ONE HABIT 方法的 105 人当中，有 64 人已经按照自己的希望养成习惯，并坚持了 1 个月以上，成功率达到 61%。

我要把这个方法推荐给那些每次减肥都失败、苦于没时间运动、想学习却因为先忙着整理书桌而精疲力竭的人，还有那些听课或看书时觉得轻而易举、可实际操作时却又郁闷不已的人。

第二，再忙的人也可以轻松做到。我们总是很忙碌，没有办法像电视里炫耀傲人身材的明星那样，每天拿出好几个小时投入到运动中，也无暇准备精致的食谱。但是，我们不能以忙为借口，放弃好习惯，因为好习惯直接关系到我们的健康与幸福。每天只要1分钟就够养成"一个习惯"，即使再忙，也不至于拿不出1分钟的时间给自己吧？

第三，这是只属于"我"的方法。每个人的特点各不相同，没有哪种方法能在所有人身上起到相同的效果。每个人要找到适合自己的方法，而ONE HABIT方法就是能够反映个人特点的私人定制策略。

本书共分成4个部分。

第一部分主要讲的是养成习惯所需的意志力管理方法，我要把它推荐给那些想要有质的改变的人。第二部分介绍了培养习惯的核心策略ONE HABIT方法，没时间的读者只要读第二部分就能有所收获。第三部分提出了兼顾个人特点的私人定制策略。第四部分按主题介绍了习惯养成的实际案例。

大家不要因为本书介绍的方法太多而产生心理负担，其实只要挑选自己需要的方法进行实践就可以了。

在长时间学习并实践习惯的过程中，我领悟到了一个道理，那就是习惯的原理和养成习惯的有效方法都需要经过科学验证。习惯是一种科学。因此，只要理解习惯的原理，就能养成良好的习惯。成为能坚持到底的 8% 的人，其实方法很简单。读这本书，每天投入 1 分钟就可以了。马上开始吧！

ONE HABIT 概念图

第四部分：实践方法
（不同情况下的实践方法）

第三部分：定制策略
（专属于"我"的习惯策略）

第二部分：ONE HABIT
（八大核心策略）

第一部分：基础体力
（意志力管理）

引文来源及参考资料

① 出自 http://www.statisticbrain.com/new-years-resolution-statistics

第一部分 基础体力
Part 01

培养习惯所需的意志力管理

◆ **01 习惯也是实力**
  习惯是人生的重要基础 / 003
  我管理习惯，习惯培养了我 / 004

◆ **02 需要习惯的原因**
  习惯就像无人驾驶系统 / 007
  习惯是最有吸引力的投资产品 / 008
  不积跬步，无以至千里 / 010

◆ **03 微习惯的力量**
  当习惯难以落实 / 012
  1 分钟就可以！ / 014

◆ **04 意志力是蓄电池**

问题在于意志力 / 017

意志力也需要管理 / 019

◆ **05 给意志力充电的方法**

可以用葡萄糖给意志力充电吗？ / 021

早餐是补药 / 023

◆ **06 大脑管理与意志力**

意志力源于额叶 / 027

恢复意志力需要大脑的休息 / 029

◆ **07 意志力训练**

大脑也能练得很强壮 / 032

意志力是靠什么培养的？ / 034

◆ **08 重新认识压力**

压力会唤醒以前的习惯 / 038

通过管理，压力也会变得有利 / 041

◆ **09 淡淡的幸福**

积极情绪有助于恢复意志力 / 044

血清素带来的幸福远超多巴胺带来的幸福 / 047

◆ **引文来源及参考资料** / 052

第二部分　ONE HABIT

Part 02

培养习惯的八大核心策略

◆ **10 One，只专注于一**

　　"多任务处理"只是假象 / 057

　　先培养可贵的习惯 / 059

◆ **11 Note，记录结果**

　　不能检测则无法管理 / 063

　　记录会带来变化 / 066

◆ **12 Easy，制订简单的目标**

　　从小而容易的习惯开始 / 070

　　用掉头公式简化目标 / 072

◆ **13 Hurdle，要考虑障碍**

　　要有面对荆棘路的预案 / 078

　　障碍也是人生的一部分 / 080

　　克服障碍 / 083

◆ **14 Attach，跟着老习惯**

　　为什么药得在饭后 30 分钟吃？ / 086

　　铅笔和橡皮擦 / 088

◆ **15 Buddy，和朋友一起做**

习惯也是会传染的 / 092

想要走得远，就要有个伴 / 095

◆ **16 Incentive，奖励自己**

习惯也需要鼓励 / 099

奖励在我心里 / 102

想想为什么要做 / 104

◆ **17 Today，从今天开始**

机会之门只开一时 / 107

积极利用机会 / 108

"现在"就是最佳时机 / 110

◆ **引文来源及参考资料** / 113

第三部分 定制策略

Part 03

轻松培养习惯的独门秘诀

◆ **18 调整变化门槛**

降低或提高变化的门槛 / 119

降低培养好习惯的门槛 / 121

提高改掉坏习惯的门槛 / 123

◆ **19 不去想白熊**

人都有逆反心理 / 125

计划"要做的",而不是"不要做的" / 127

◆ **20 打开心扉的钥匙**

积极情绪是打开心扉的钥匙 / 130

调节情绪 / 133

◆ **21 习惯的养成与诱惑**

环境会给习惯带来怎样的影响? / 136

避开诱惑的方法 / 139

◆ **22 真正了解自我的力量**

自负与乐观会招来失误 / 143

灵活运用元认知能力 / 144

实战指导 我的意志力有多强? / 147

◆ **23 养成新习惯需要多长时间?**

培养习惯是场马拉松比赛 / 148

要考虑到习惯的强度 / 151

实战指导 我的习惯强度如何? / 153

◆ **24 习惯管理的前锋与后卫**

前锋与后卫缺一不可 / 154

考虑自己的嗜好 / 158

实战指导 我是前锋还是后卫? / 159

◆ **25 靠优势决胜负**

　　能救我的才是优势 / 160

　　培养优势的小习惯 / 162

　　实战指导 我的优势是什么？ / 164

◆ **引文来源及参考资料** / 167

第四部分 实践方法

Part 04

不同情况下养成习惯的实践方法

◆ **26 当你没有运动时间时**

　　从 1 分钟运动开始 / 173

　　"万步行"的成功秘诀 / 176

　　实战指导 目标要符合自己的水平 / 179

◆ **27 当减肥频频失败时**

　　暴饮暴食是症结，而零食也是敌人 / 180

　　避免暴饮暴食的方法 / 182

◆ **28 当要做的事情很多，时间却不充足时**

　　缺的不是时间，而是"时间效率" / 188

　　有效的时间管理 / 190

实战指导 我的时间管理水平怎么样？ / 194

◆ **29 改掉坏习惯时**
利用竞争反应 / 195
改变习惯的训练 / 197

◆ **30 当被信用卡账单吓倒时**
怎样才能抵抗诱惑？ / 200
智慧消费的习惯 / 203
实战指导 我的冲动购物倾向水平 / 207

◆ **31 当挑战戒烟时**
无法切身感受危害性有多大 / 208
有助于戒烟的方法 / 210
实战指导 我的尼古丁依赖度 / 214

◆ **32 当想给自己充电时**
习惯能创造时间 / 216
不断成长的方法 / 219

◆ **33 实践出真知**
第一阶段：确认 ONE HABIT/ 222
第二阶段：制订 WOOP 计划 / 224
第三阶段：利用习惯日历 / 226

◆ **引文来源及参考资料** / 228

Part 01

第一部分

基础体力

培养习惯所需的意志力管理

想要用好意志力，就要先了解大脑。大脑额叶掌管着人的意志力。在习惯养成上，额叶也起着决定性的作用。下定决心养成习惯、制订目标和行动计划、评估结果并加以激励等习惯管理过程都与额叶有关。

当你一天工作下来，感到头脑昏沉、胸口憋闷时，最简单、最好用的方法就是让大脑至少休息1分钟。这样，你的意志力就会立即得到恢复。

◆ 01 习惯也是实力

习惯是人生的重要基础

不久前，有位担心子女前程的前辈，问我将来前景好的职业是什么。虽然我在书上、新闻上大致看过几种，但是并不是很确定，所以没能立即回答。

我发现身边的许多人都怀揣着各自的忧虑生活着，有资历管理、子女教育、财务管理等方面各式各样的苦恼。在千变万化的世界中，我们的内心充满茫然与不安。我们不知道自己能工作到什么时候，所以不安感更加深了一层；再加上身体也大不如前，还要为健康费心，为瘦身苦恼。虽然我们也希望能读一读书、搞一搞兴趣活动，但是忙得连想都不敢想，只能一声接一声地叹息。

我想起读大学时第一次去咖啡屋，什么都不懂的我点了杯意式浓缩咖啡，结果被它的苦味吓了一跳。我还想："这么苦，谁会喝呀？"后来我才知道，意式浓缩咖啡是所有咖啡的基础。

我们的人生也有一个重要的基础，那就是习惯。仔细聆听人们的苦恼就会发现，这些都与习惯有关。资历管理相当于做事习惯和学习习惯，财务管理则是与消费和投资习惯息息相关，健康与减肥可以通过运动习惯和饮食习惯加以管理，子女教育就是培养孩子养成良好习惯，读书和兴趣爱好也在于习惯的养成……由此可见，习惯是自我管理的核心。在急速变化的环境中，我们能控制的唯一对象就是自己。

"我明白无法改变人生的书籍或理论是毫无用处的。"

这是 20 世纪代表性经济学家约瑟夫·阿洛伊斯·熊彼特（Joseph Alois Schumpeter）的反思。真正改变人生的并不是书籍或理论，而是习惯。再优秀的理论，如果不适用于日常生活，就毫无用处。在这个点击鼠标就能获取海量信息的时代，专业知识不再是专家的专属品。但问题是喷涌而出的知识无法与行动联系起来。习惯则是把知识转化成行动的最佳方法。

我管理习惯，习惯培养了我

"我们不断重复的行为就是我们自身。所谓卓越，就是一种习惯。"

古希腊哲学家亚里士多德说过这样一句话："人并不因其卓越而行端坐正，而是其行端坐正成就其卓越。"也就是说，如今的我是由无数次反复的行为，即习惯塑造的结果。

我们会像呼吸一样践行习惯。刷牙时，我们不需要考虑牙刷该握在哪只手上，先刷上齿还是下齿，因为那是习惯。我们日常的大部分行为都是由习惯构成的，这些习惯构成了我们的人生。正如现代管理学之父彼得·德鲁克（Peter Drucker）所说："达成目标的能力就是习惯。"

想要成为学习好的学生，就要养成每个学期都努力学习的习惯，闪电式学习是远远不够的。坚固的牙齿得益于良好的刷牙习惯，健康的身心得益于良好的运动习惯。拥有良好习惯的人，无论是学习、工作、健康还是人际关系，方方面面都很出色。这一事实已经通过研究得到了验证。美好的人生源自良好的习惯。总之，习惯就是一种实力，是一份资产。

有人酒品很差，也就是会"耍酒疯"，这也是源于习惯。一开始是我在喝酒，最后却变成酒在喝我。习惯也是一样的，一开始是我养成习惯，最后却是习惯养成了我。

事实上，坏习惯就算不费力气也能深入骨髓，但好习惯如果不付出努力是很难养成的。坏习惯会像回旋镖一样重回我们身边。所以我们要自省，是不是在不经意间被习惯支配了。

习惯与成功相关。好的习惯有助于我们获得卓越的成果。本书追求的习惯管理的目标是"成长与幸福"。在实践小的习惯的过程中，我们比昨天成长一些，感受到淡淡的幸福，这就足够了。一直坚持好习惯，可能会迎来成功；但是如果一开始就纠结于要成功这一执念，强行养成习惯，不仅会感到无趣，还会倍受压力的折磨。所以，以成长与幸福为目的的习惯管理才更重要。

面对充满未知的未来，最好的方法是自己创造未来。习惯就是创造未来的有效方法。在管理习惯前，我们首先要审视一下自己目前的状态，可以从以下 3 个方面进行。

第一，想坚持的习惯。想一想迄今为止，对自己的人生产生积极影响的习惯是什么。想坚持的好习惯就像模范生一样，不必催促，只需鼓励即可。如果条件允许，可以再想一想有助于继续坚持这个习惯的方法。

第二，想戒掉的习惯。是指那些对自己的人生产生负面影响的习惯。先挑出一个最想戒掉的习惯，然后下定决心与其一刀两断。戒掉或改掉坏习惯的方法稍后再介绍。

第三，想养成的新习惯。养成之前没有的新习惯，可以让自己更加幸福。你可能会有很多想养成的新习惯，但是要选出一个最想养成的。培养新习惯的方法，也会在后面进行详细说明。

◆ 02 需要习惯的原因

习惯就像无人驾驶系统

无人驾驶技术，顾名思义就是驾驶员不进行操作，汽车也能自己奔驰在公路上的技术。习惯要是也能像汽车的无人驾驶系统一样，自动自觉地运行起来，那该多好啊！

人类的行为通常可以分为自觉行为和自制行为。人们认为，自我控制能力强的人会做出更多有节制的行为，而大部分的实际行为其实都是无意识的自觉行为，也就是习惯[①]。为什么会这样呢？

比如，今天早上的行为是有意识的、经过努力完成的：听到闹钟响，睁开眼睛时，先决定用哪只手去关闹钟，再决定起身时用哪只手支起身体；接下来，收拾床铺和洗漱之间先做哪一样；刷牙时，挤牙膏的哪个部分；吹干头发时，先吹哪部分；穿衬衫时，先系哪枚扣子；穿袜子时，先穿哪只脚……这一系列的事情，如果都要一个一个做出决定后再去完成，会是怎样的结果呢？恐怕还没等你走出家门，早就已经累晕过去了。

习惯就像不用刻意努力也能自觉行动的无人驾驶系统。如果你现在跷起了二郎腿或点了点头，那么你的这些行为应该是无意识间形成的。自动运行的习惯几乎不需要耗费能量，而有意识地进行思考并做出决定则需要耗费能量。能量是有限的，习惯可以帮助我们节约能量，去应对并处理那些重要或紧急的事情[②]。习惯就是物超所值的无人驾驶系统。

习惯是最有吸引力的投资产品

市场上的流动资金，在低利率时期自然不会流向储蓄，而是会涌向收益更高的替代投资产品。因此，资金在涌入证券、不动产之余，会轮番掀起投资热潮。有关理财的讲座总是盛况空前，相关书籍也会列入畅销书目录中。

然而，人生中有一种用最少投资获得最大收益的投资产品。那是什么呢？是习惯。

习惯一旦养成就会自行维持

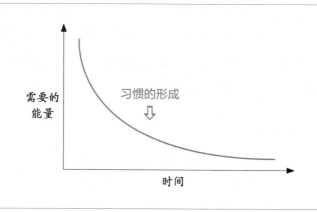

习惯并不需要花费太多的费用，只要在开始养成习惯时多费一些心就可以。习惯一旦养成，几乎是不需要维护费的，因为某种行为固定成习惯之后，该行为就会成为无意识的行为。就像只要养成了刷牙的习惯，每天刷牙都不会成为难事，不刷牙反而会觉得很不舒服。

自觉的习惯，就好像可以保障稳定收益的投资产品。如果养成每天都运动的习惯，那么健康生活一辈子的概率就会高出很多。健康这笔投资的收益率，比起任何金钱都要高。源自习惯的自我充电，也有不输健康财富的收益率。自我充电，提高自身价值，就可以用更好的条件工作更长的时间。

习惯研究专家詹姆斯·克利尔（James Clear）在《掌控

习惯》中写道："良好的习惯会以复利方式积累。"他的意思是，就像投资的金钱会以复利方式增长一样，习惯的效果也会在重复的过程中出现几何式增长。即使每天只高出 1%，1 年之后也会增长 37 倍以上，这就是复利带来的效果。虽然有一些夸张，但是有一点可以明确：习惯的效果真的很强。

不积跬步，无以至千里

中学时期，在临考试两周前，我下了个决心。平时学习连 3 小时以上都没有过的我，制订了一个每天学习 6 小时的计划。第一天，我没能达成目标。第二天，我也失败了。结果没过几天，我就放弃了。这就是想当然的结果。如果再回到那个时候，我不会再贪心，我会制订一个能让我持之以恒坚持下去的计划，哪怕只是学习 1 小时。

一次性改掉保持了很长时间的习惯，就好像是在高速公路上以时速 100 千米疾驰的汽车突然停下。急刹车是很危险的，慢慢减速后再停下来才是安全的。出发时也一样，猛然启动会让车辆超负荷运转，所以最好是慢慢起步。比起骤然变化，循序渐进式的变化更有效果。

习惯最好也慢慢培养。之前根本不运动，突然做好几个小时的高强度运动，就会出现肌肉痉挛、浑身酸痛的现象。应该从轻快的运动开始做起，让身体能够适应，之后再慢慢提高难度，延长时间，由此养成习惯。一开始从5分钟起步，根据身体的适应性，一点点增加到10分钟、15分钟、20分钟。在这之后，如果开始有了自信心，就要持之以恒地每天进行30分钟运动。如果一味按照自己的想法，从一开始就运动1小时，那么就会很难坚持下去，身体也会过度疲劳。

我们都有各种各样的习惯，说我们的人生全部依赖于习惯的自动运行也不为过。习惯一旦形成就会向着既定方向一往无前，所以开头很重要。缓慢的速度可能会让人郁闷不已，但是培养习惯就应该慢慢地从小的目标开始，在培养习惯的过程中逐渐提高速度和难度。习惯的养成最忌"贪心"。

◆ 03 微习惯的力量

当习惯难以落实

谁都希望养成好习惯，可说起来容易，做起来难。每到新年，人们都会"习惯性"地制订各种新计划，下定决心一定要完成。可是过不了几天，计划也好，决心也罢，早已不知去向。人们总是这样三天打鱼，两天晒网。我从小也是这样，以至于都习以为常了。甚至到最后，不管我制订了什么计划，都想着"先做做看，不行就算了"，而不是一定要完成计划。

"重复多次后，自觉熟练成固定的或难以改变的行为。"就像词典对"习惯"下的定义那样，固定下来的、难以改变的行为就是习惯。即使是三天打鱼、两天晒网的行为，一再重复后也会成为习惯，这时就需要从外部施加力量，落实好习惯，停止坏习惯。

　　想给自己充电的人最喜欢订的计划就是养成运动的习惯和自我启发的习惯，比如，每天运动1小时、每天学1小时英语、每周读1本书等。如果这些计划都能落实，人生就会发生改变，可问题就在于计划难以落实。大部分来听我的课的人都说制订过那样的计划，但当我问起计划的完成情况时，又大都摇摇头："做几次后，因为太累就放弃了。因为忙，也很难拿出时间来。"从现实的角度来说，每天拿出1小时投入到养成新习惯这件事上的确不太容易。这时该如何是好呢？可以把养成习惯的这项计划细分一下，让它变得更轻松一些。

轻松的习惯能成功养成的原因

用轻松的习惯减轻负担，这就是成功的秘诀。

如果把习惯假设成一件行李，对从来不运动的人来说，每天突然要做 1 小时的运动，这个习惯就会成为非常沉重的行李，身体也会吃不消，即使只扛上一两天，也会因为四肢酸痛而卧床不起。这时，只要把行李分成小份，让它变轻一些就好了。行李变轻之后，每天都可以轻轻松松地扛起它。从小的行李开始，一点一点加大，到最后就能在身体没有任何负担的情况下，想扛多大的行李都没问题了。

就像马拉松运动员的鞋子和旅行者的背包一定要轻便一样，每天实践的习惯也要轻松一些，从微习惯开始，才能成功养成习惯。

1 分钟就可以！

多长时间完成的习惯算是轻松的微习惯呢？答案是每天 1 分钟。一天是 1440 分钟，1 分钟只占不到 0.1%。因此，无论是谁，无论多忙，都不会觉得抽出 1 分钟的时间是种负担。不过，你现在心中一定会出现另一个顾虑。

"区区 1 分钟的时间，能有什么运动效果呢？至少要出半个小时汗才行……"

这样说也有一定道理，因为很多运动只有在一定时间内做到出汗才有效果，这是众所周知的常识，但看上去不起眼的 1

分钟却会施展神奇的魔法。让我们冷静思考一下，如果是平时根本不运动的人，能运动1分钟也是极好的，这没错吧？没有人乍一开始就能坚持"每天运动1小时"。诚然，时间是问题，但更重要的是身体吃不消呀！运动不是做给别人看的，而是要完全贴合自己的时间和状态，制订具有可持续性的计划，才能养成习惯。

与其因为觉得1小时有负担而放弃运动，倒不如持续坚持哪怕1分钟也好。不要在意别人的眼光，要完全专注于自己。只要对自己的健康与幸福有帮助，就没有必要因为1分钟微习惯的时间太短而不好意思，自己的人生不是靠面子和空架子撑起来的。

不仅是运动，1分钟能养成的微习惯还有很多。不仅是我，还有很多来听我讲课和培训的人都有过切身经历。

首先，我在写这本书的过程中养成的9个习惯里，有7个是只要坚持1分钟就能养成的微习惯。

写感恩日记（写3件值得感谢的事情）

测量体重

俯卧撑20个

躺平后抬放腿20次

对着镜子微笑10秒

有益睡眠的舌头运动

爬楼梯（从 1 层开始，目前可以爬到 9 层）

其中"爬楼梯"最能体现 1 分钟微习惯的力量。刚开始我是从爬 1 层开始的，这是只要 30 秒就可以完成的简单习惯，因为没有负担，我每天轻轻松松就能完成。有一天，电梯不太好用，所以我就爬了两层，感觉不是很累，于是把目标提高至爬两层楼。我就像这样一层一层慢慢提升目标，不知不觉就能爬到 9 层了，时间还不到 3 分钟。

如果从一开始我就挑战爬 9 层，估计很难坚持下去。轻松的开始是成功的秘诀。千里之行，始于足下。不迈出第一步，别说是千里了，两步都走不到。习惯也是一样的，只有开始去做才能养成习惯。1 分钟可以开始做任何事情，就是这样简单的开始，最终会为你带来"好习惯"这份礼物。

◆ 04 意志力是蓄电池

问题在于意志力

某所大学的研究室里飘出了香甜的味道，那是新出炉的巧克力曲奇的味道。心理学家罗伊·鲍迈斯特（Roy Baumeister）的研究小组把一群禁食的大学生叫到了研究室[③]，饥肠辘辘的学生们一进入研究室就陶醉于巧克力曲奇的香甜味道中。桌子上摆放着刚烤好的巧克力曲奇和萝卜，研究小组把曲奇分给一部分学生，把萝卜分给剩下的学生，并要求他们只能吃自己分到的食物。拿到曲奇的学生们吃得很香；拿到萝卜的学生们眼巴巴地看着曲奇，却只能啃萝卜。

之后，研究小组让学生们做没有答案的数学题。这项实验的真正目的是测试学生在做无解的题目时，要花多长时间才会放弃。考试时间是 30 分钟，但是只要自己愿意，随时都可以放弃考试。吃过曲奇的学生们 19 分钟后放弃了考试，而暴露在曲奇诱惑中的学生们 8 分钟就放弃了。暴露在诱惑中的学生放弃的时间比没暴露的学生早得多，为什么会出现这样的差异呢？

原因在于诱惑。尽情享用过巧克力曲奇的学生们没有受到其他诱惑，留存的能量足以让他们把无解的题目做上 19 分钟。相反，拿到萝卜的学生们在抵抗曲奇带来的诱惑时，已经消耗了大量能量，所以没有多少能量可以做数学题了。对类似的 83 项研究进行分析的结果也与巧克力曲奇实验的结果一致[④]。意志力不再是抽象的概念，而是可以实际确认的能量。

想养成新的习惯，就要重复特定的行为，并抵抗所有诱惑，这时就需要意志力。综合分析有关意志力与行为的研究发现，意志力会在以下两种情况下发挥影响作用：做自己想做的事和忍住不做想做的事时[⑤]。所以，意志力强大的人能更好地进行习惯管理，且意志力会在养成好习惯和抑制坏习惯时发挥重要作用。

法国作家维克多·雨果曾说："人们缺少的并不是勇气，而是意志力。"如果意志力能够取之不尽、用之不竭该有多好，可惜意志力不是聚宝盆，所以需要我们对其进行管理。

意志力也需要管理

智能手机给我们带来了快乐与便利，也给我们带来了麻烦——我们需要频繁给电池充电。即使是象征着高科技的智能手机，在电量耗尽后，也只是个无用之物。

当意志力耗尽时，我们也会像电池耗光电一样，出现"自我损耗"（ego depletion）现象。自我损耗是指因意志力耗尽而出现的无法调节自己的思维、行为与感情的状态，如果出现意志力耗尽的自我损耗状态，支撑自己的力量就会消失殆尽，人就会很容易被诱惑[6]。

在使用智能手机时，我们需要提前知道电池消耗的电量，就可以防止电量耗光。同样的道理，如果我们能提前知道意志力的消耗程度，就可以避免自我损耗。在抵抗诱惑或对复杂的事情做出决策时，意志力的消耗程度会格外高。减肥过程中遇到的夜宵，累得想停一天运动的想法，学习时偶尔想玩 1 小时的冲动……这些诱惑都是很难抗拒的。一旦诱惑重复出现，意志力就会消耗殆尽，我们会很难处理其他事情，尤其是那些需要很多意志力的重大决策就都无法做出了。

管理好意志力，就能养成好习惯。意志力是有限的资源，需要有效使用。意志力管理包括以下两种主要方法：

第一，选择和集中，是一种将意志力集中于更重要的事情上的策略。首先，要根据事情的轻重缓急，决定优先顺序。重要的事情，每天限定在 1～2 件，如果重要的事情太多，有限的意志力就无法处理好所有事情。其次，要考虑到调整日程。如果事情凑巧在某一天扎堆出现，那么不必在当天完成的事情，就可以推到后面。最后，确定重要日程的时间，对意志力进行管理。如果晚上有重要的活动，就要注意白天不要把意志力消耗殆尽。这跟使用智能手机的道理是一样的，电量所剩无几了，却要工作到夜深，那就要减少手机使用频度，开启省电模式。

第二，给意志力充电。选择和集中是把焦点放在了有效使用意志力上，但是再怎么有效使用，结果都是会耗尽，所以有效使用也是有限度的。最根本的解决方案是给意志力充电，正如想持续使用智能手机就要充电，汽车要持续行驶就要加油。同理，想要用好意志力，就要及时充电。

◆ 05 给意志力充电的方法

可以用葡萄糖给意志力充电吗？

人们曾经把意志力视作眼睛看不到的一种力量，以为只要下定决心，就能产生意志力。真的是这样吗？

意志力就跟智能手机的电量差不多，用多少就会消耗多少，直到耗尽。避免电量耗尽的最根本方法是及时充电，那么怎样给意志力充电呢？

研究意志力的学者们把"葡萄糖"（glucose）视作意志力燃料，通过诸多研究发现，参与研究的人员在完成消耗意志力的课题之后，都出现了血糖下降的情况。那么通过补充葡萄糖就能补充意志力了吗？

为了解开这个疑问，美国佛罗里达大学（UFL）的马修·盖略特（Matthew Gailliot）的研究小组进行了一项实验[⑦]：当人们看到画面上出现的字时，不要把字读出来，而是要说出字的颜色。例如，出现用绿色写的"红"这个字时，不要读"红"，而是要说出字的颜色，即"绿"。实际操作后发现，这并没有想象的那么容易，因为在看到字的一瞬间，人们都会不自觉地先说出字的内容，而不是颜色。在实验的过程中，大脑会发出"不要读字，说颜色"这样的指令，以此来抑制想读字的行为。

研究小组把参与者分为A、B两组，让他们完成实验课题，记录各组失误的次数。在第一轮测试后，分发两种不同的饮料给两组参与者。A组发的是加入少量糖的柠檬水（热量140千卡），B组发的是无糖的柠檬水（无热量），参与者们无法区分酸酸的柠檬水中到底有没有加糖。喝完饮料的参与者再次做了80道实验题，之后进行了第二次测试。A组两次测试失误次数相差无几，甚至在第二次测试时失误次数有所减少；相反，B组在第二次测试时失误次数是第一次的两倍。为什么会出现这种差异呢？自然是因为意志力被消耗掉了，失误次数就会增多，因此B组在第二次测试中失误增多。相反，A组因为喝了加入糖分的饮料，葡萄糖得到补充，因此失误并没有增多。该实验证明了可以用葡萄糖补充意志力。

我们在日常生活中也会经历类似的事情，例如有时干活累了，就特别想吃甜的东西，这是身体在发出葡萄糖不足的信号。当人们专注于做某件事情，头脑发蒙时，吃糖就会暂时恢复状态。葡萄糖之所以能让 A 组参与者的失误更少，也正是这个原因。这个原理也适用于戒烟。研究表明，想戒烟的人通过偶尔吃方糖，使葡萄糖得到补充，就可以提高戒烟成功率。

那么我们不如干脆随身携带糖果和巧克力，随时吃不是更好吗？我想劝你不要这样做，原因有二：

第一，用糖分给意志力充电，效果只是暂时的。过量的糖分可以迅速提升血糖水平，但是也同样会让血糖水平迅速下降，反而让身体感到疲劳。吃甜食补充葡萄糖的做法，会使意志力的持续周期变短。

第二，糖分对身体不利。精制糖会导致体重增加，还会诱发糖尿病、心血管疾病、龋齿、骨质疏松、记忆力减退等。另外，含有大量精制糖的巧克力、面包、饼干、蛋糕、饮料、冰激凌等会让人上瘾，所以也要加以注意。

早餐是补药

为意志力充电的最佳做法是按时吃三餐，避免食用暂时提高血糖水平的精制碳水化合物和白糖，而是适当食用能慢慢吸收、有效维持意志力的蔬菜、水果、鱼类和肉类。摄取碳水化合物时，杂粮饭和全麦面包比白米饭和白面面包更好。

"早餐、午餐、晚餐这三餐都要吃。其中最重要的是早餐。"这句话由来已久，可见人们一直认为早餐是最重要的。从韩国国民健康统计数据来看，30%的国民不吃早餐，尤以 20～30 岁的人居多，其中，20～29 岁的占 52%，30～39 岁的占 37%。

早餐的英语是 breakfast，可以理解为"打破（break）空腹（fast）"的意思。早餐可以给睡眠期间依然活动的大脑补充能量。20 点吃完饭后，次日早晨不吃早餐，这样直到 12 点吃午餐之前，就中断了 16 小时的葡萄糖供给。即便是在睡眠中，身体也会消耗葡萄糖。因此，储存于体内的葡萄糖有可能会耗尽，再加上不吃早餐，血糖就会降低，到了需要动用意志力进行决策的时候就会遇到困难。

有一项与饮食和决策有关的有趣研究。美国哥伦比亚大学的乔纳森·列瓦夫（Jonathan Levav）的研究小组分析了在以色列审理的 112 件假释案[®]，得知 8 名法官每天需审查 14～35 件案件，平均每件需要 6 分钟。分析结果显示，法官的饮食会对假释的结果产生影响。法官每天用两次餐，分别在 10 点和 13 点 30 分。每天一早接受裁决的犯罪分子获得假释的比例是 65%，但是随着时间的流逝，这一比例逐渐降低，几近 0%。直到 10 点钟后，在法官简单用餐过后，获假释的比例重新回到 65%，之后又会随着时间的流逝而降低。在法官用完午餐后，相似的情况又会重复出现。客观且符合逻辑的法官判决怎么会因法官用餐与否而发生变化呢？为什么会出现这样的结果呢？

做决策需要消耗大量能量

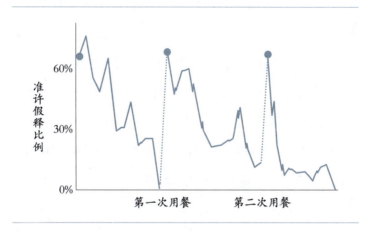

法官在做艰难的决定时，几乎耗尽了所有意志力。法官持续进行审理，体内的葡萄糖水平会逐渐下降，直至用餐前，体内葡萄糖几乎枯竭，难以深度思考。直到通过用餐补充葡萄糖之后，意志力得以恢复，法官又可以正常进行审理了。我们也会有相似的经历：当我们感到疲劳乏力时，很难进行深度思考，意志力已经见底了，这时的决定大多会按照以往所做的那样，或什么也不做。这个原理可以运用到日常生活中：如果一个职员有个不吃早餐的上司，那么重要的报告最好还是在午餐之后再上报；如果要对家人说一件重要的事情，最好是在晚餐以后。

早餐的意义远不只一顿饭这么简单，因为它就像久旱之后的甘霖一样，滋养着人们的意志力。

"学生一定要按时吃早餐"，这是我上学时妈妈每天对我说的口头禅。托她的福，我从来没有断过一顿早餐。一路走来我才发现，我能像现在这样健健康康地活着，真是多亏了每天一大早起来为我做早餐、准备便当的妈妈。那时养成的吃早餐的习惯，至今都给我的生活带来了极大的裨益。

很多人会以这样那样的理由不吃早餐，有的是吃了早餐肚子就不舒服，有的是不吃也能活得好好的，有的是因为太忙了。但不管怎样，为了健康，为了给意志力充电，最好按时吃早餐。如果你从来都不吃早餐，突然开始吃会让你有负担，那么你不妨从简单的开始做起，哪怕是喝一杯牛奶，吃一根香蕉也可以，一条紫菜包饭就更棒了。比起空着肚子，早上吃点东西会更好。饭就是补药，而早餐更是补药中的补药。

◆ 06 大脑管理与意志力

意志力源于额叶

想要用好意志力，就要先了解大脑。大脑额叶掌管着人的意志力，可以抑制瞬间产生的冲动和快感，给人向着目标走下去的力量[①]。

在习惯养成上，额叶也起着决定性的作用。下定决心养成习惯、制订目标和行动计划、评估结果并加以激励等习惯管理过程都与额叶有关。发起减肥或戒烟挑战时，抵抗忽然袭来的诱惑也要靠额叶。可以说，习惯管理是由额叶决定的。

另一方面，大脑既是"大胃王"，又是"美食家"。虽然大脑只占人体重量的 2% 左右，但却要消耗总能量的 20% 以上。据韩国血清素文化院院长李时亨博士介绍，大脑每天会消耗超过 120 克的葡萄糖，这与人体所有肌肉消耗的能量相差无几。另外，大脑需要最先使用干净的氧气，且只使用碳水化合物中的纯葡萄糖作为"燃料"。额叶以葡萄糖为燃料制造意志力。因此，管理好额叶有助于管理意志力和习惯。

韩国三星首尔医院神经科教授罗德烈在《脑美人》一书中指出，人们会对看得见的皮肤倍加护理，相比之下，却较为忽视对大脑的护理。就像皮肤会老化一样，大脑也会老化，而且人们有可能因此患上阿尔茨海默病。但是因为平常肉眼看不见大脑，我们就会疏于护理[10]。让我们像护理皮肤一样，关注大脑护理吧。进入高龄阶段，约 6% 的大脑会萎缩，如果不对额叶进行管理，则会萎缩约 29%。额叶比人体其他部位更敏感，额叶管理直接关系到意志力管理，因此要更加注意。在额叶管理上，有以下两点较为重要。

第一，戒烟以及适度饮酒。据说"喝酒会断开额叶的电路"，也就是说，喝酒会损伤脑细胞。身体持续暴露在烟酒中，慢慢就会出现高血压、糖尿病、高脂血症等病症，这些都会令额叶变薄。恢复的方法就是戒掉或减少摄入那些对健康有害的东西。

第二，关掉视频，多看书。从大脑的角度来看，视听影像是被动接受的，而看书却是主动的。比起看视频，看书时人们会更多使用额叶。我们从清早到深夜，长时间暴露在智能手机、电脑、电视等诸多影像屏幕前，这些都是让额叶被动工作的环境。有意识地读书是非常必要的，读书可以让人们学习、体验新的东西，能够持续刺激大脑。另外，学习外语或进行写作等创作活动，也可以刺激大脑。

恢复意志力需要大脑的休息

随着文明这一利器不断发展，我们的大脑被过度使用的状况也比以往任何时候都要严重。从早晨起床到进被窝之前，人们总是围着智能手机转，一刻也不停歇，大脑也完全得不到休息。

无论是走在大街上，还是去卫生间，人们都不会放下手中的手机。韩国移动数据分析平台的调查显示，2020 年第二季度，韩国人每天平均使用智能手机的时间达到了历史最高的 4 小时 20 分钟[①]。

专注力和意志力是可以通过休息来恢复的，但是较之以往，大脑少了很多休息时间。对于每天努力工作的大脑来说，休息是最好的礼物，而休息有以下两种好方法。

第一，睡眠。睡眠对大脑而言是特别好的补药。睡眠时间不是单纯的休息时间，而是从疲劳中得以恢复的时间。抽空休息也是有帮助的，但最重要的休息方式还是睡眠。成人的最佳睡眠时长是 7 ～ 8 小时，适当的睡眠可以让大脑休息，对身心健康有益。在我们睡眠期间，大脑可以打扫脑中的垃圾。

"人在醒着的时候，大脑就像大城市白天拥堵的公路一样，垃圾车是没有办法有效清理垃圾的。"

这是睡眠医学大师查尔斯·柴斯勒（Charles Czeisler）教授的话⑫。他主张，人在清醒时，大脑中"垃圾车"的效率仅为睡觉期间的 5%。因此，为了有效清理大脑中的垃圾，我们需要确保睡眠充足。

第二，暂时放空自己。韩国江北三星医院精神健康医学科申东源教授在《发呆吧！》这本书中提出，发呆是唤醒我们的大脑，让它变得更加清醒的最佳方式。就像吃完食物需要时间进行消化一样，大脑也需要有消化信息的时间，在这段时间内删除没有用的信息，重新组织输入的信息，产生好想法。

发呆就像重启电脑一样。美国华盛顿大学的马库斯·赖希勒（Marcus Raichle）教授发现，人们在什么都不想的时候，大脑特定部位会呈现活跃状态⑬。他把包括额叶在内的这些部位称为"默认模式网络"（default mode network, DMN）。就像重新开启电脑后会全部恢复默认模式一样，大脑静息时，也会回到默认模式。这些特定部位主要在人睡眠时表现活跃，在人发呆时也会被激活。

你可以选择进行自省或冥想，都会很有帮助。为了增强效果，要闭上眼睛，闭眼会使大脑发生巨大变化。人类通过 5 种感官搜集信息，而搜集到的信息又会汇聚到大脑，其中视觉信息占据整体感官获取信息的 70% ～ 80%。闭上眼睛，视觉信息就会被阻断，这样可以为大脑减轻负担，进而提升专注力和记忆力。

当你一天工作下来，感到头脑昏沉、胸口憋闷时，最简单、最好用的方法就是让大脑至少休息 1 分钟。这样，你的意志力就会立即得到恢复。

◆ 07 意志力训练

大脑也能练得很强壮

在一档电视节目里，有一位年过八旬、身材超赞的长者，不仅能轻松举起超过 100 千克的杠铃，还能在与健壮的 20 岁青年掰手腕时毫不费力地获胜。在其他节目中，也有 70 ～ 80 岁的男女健身运动员炫出了自己健硕的肌肉型身材，据说其中有很多人是从 70 岁以后才开始锻炼肌肉的。令人惊讶的事实是，就算年龄再大，只要坚持不懈地运动，肌肉也会变得很强健。

"虽说我在健身中心报了名，可是却不怎么去。可能是因为我意志力太弱了吧。"

这是我的前辈因自己意志力太弱而烦恼的样子。看他这么苦恼，我产生了帮助他的念头。如果增强了意志力，就有很大可能养成运动的习惯。我想起了那些身材很好的长者，就像通过运动强健肌肉一样，要是能通过训练强化意志力，那该多好啊！

世界科学杂志《自然》曾发表过一项有趣的研究结果[14]，让24名20岁的青年连续3个月练习杂耍，直到可以在1分多钟的时间内连续向空中抛接3个球。我曾模仿过电视里的杂耍表演，发现这比看上去难多了。参与者在练习之前做了核磁共振成像（MRI），练习3个月之后，又重新做了一次，两次对比发现大脑皮层中的一部分变厚了。因为在练杂耍期间，参与者们需要一边预测球的动向，一边移动身体，对大脑造成了强烈的刺激。有趣的是，在那之后的3个月，参与者们不再练杂耍，变厚的部分就又回到之前的状态了。

即使是在很短的时间内，大脑皮层也会在厚度上发生变化。在一项研究中，79名参与者在左右倾斜26度的踏板上保持站稳不摔倒30秒，运动结束后马上做核磁共振成像，发现大脑皮层的厚度有所增加[15]。由此可见，正如运动会让肌肉强健一样，大脑也会随运动发生变化。

"上了岁数头脑就会僵化，学习就变得没那么容易了。还是趁年轻多努力吧。"

这是学生时代来自老师的忠告，真是听得耳朵都起茧子了。至少在那个时代，"成年之后大脑不会再发育"还是一个常识。但是，如今常识却发生了变化，主张大脑终生都在发生变化的"大脑可塑性"（brain plasticity）概念登场了。经过训练，大脑的一部分就会产生变化，而这种变化集中体现在负责意志力的额叶和负责记忆力的海马体上。罗德烈教授把这种变化形容为"大脑长出了肌肉"。意思是，就像运动会让身体肌肉发达一样，大脑也能练出"肌肉"。

负责意志力的额叶长出"肌肉"时，意志力就会变强。这里说的使额叶更发达，是比前面提到的额叶管理更积极的方法。以足球、棒球等球类运动为例，额叶管理是防守，使额叶更发达则是进攻。如果能在实践中兼顾二者，对增强意志力是有极大好处的。这与想在运动比赛时获胜，就要在防止失分的同时拿到分数是同样的道理。那么，怎样才能让额叶更发达，进而培养意志力呢？

意志力是靠什么培养的？

最好的方法是有氧运动。走路、跑步、骑自行车等有氧运动可以让额叶与海马体变厚。有规律的运动可以刺激额叶，培养意志力。

澳大利亚心理学家梅甘·奥腾（Megan Oaten）和肯·程

（Ken Cheng）用两个月的时间观察了在体育馆运动的大学生[⑯]，他们发现有规律进行运动的学生身上发生了积极的变化，而且比起运动前，饮食更加健康，也能很好地调节情绪。另外，有规律运动的学生学习时间也有所延长，而且能将财务支出和家务活都安排得井井有条。与此同时，他们还减少了酒精、尼古丁、咖啡因的摄入，压力也变小了。结果显示，有规律的运动对需要意志力的各个领域都产生了积极的影响，可以说是运动培养了意志力。

运动与习惯管理可以形成良性循环：运动可以通过影响额叶来增强意志力，增强的意志力又可以帮助养成运动习惯，而稳定下来的运动习惯又可以持续培养意志力。养成习惯的秘诀就在于此。保持良好习惯的良性循环一旦形成，习惯管理也就水到渠成了。

那么，该做什么样的运动，又该运动多长时间才能有所帮助呢？每周要运动3次以上，每次要运动40分钟以上才能有效果。但如果一开始就突然运动40分钟以上，身体会吃不消，所以最好是轻松一点，从5分钟左右开始。随着身体逐渐适应，运动次数和强度可以慢慢提高。

接下来是意志力强化训练。从20世纪90年代后期到现在，人们围绕意志力强化的问题进行了各种研究。下面介绍3种已经验证了实际效果的训练方法。

第一，锻炼身体。舒展腰、肩，端正坐姿，这项训练若能坚持两周以上，意志力就会有所增强。端正坐姿是已经经过科学验证的方法。利用锻炼虎口力量的握力器也是个好办法，这种训练方式是握住握力器后最大限度地保持一段时间，忍住不松手是需要意志力的。有一项研究结果显示，进行两周握力训练的学生考试成绩会更好[17]。使用平时不怎么用的那只手也是种好办法，习惯用右手的人可以练习用左手开门或系扣子。

第二，记录。通过持续训练并进行记录，可以增强意志力。两周内把自己吃的所有东西都记录下来的人，意志力会有所增强。虽然没有刻意改变饮食习惯，但只要记录下来，也能获得成效。写一写家庭账簿和日记也是有效的方法。

第三，参与自我管理教育。教育主要通过自我管理程序进行，具体流程可以分为当前状态诊断、具体目标设定、实践、结果检验以及评价活动。如果重复启动自我管理程序，意志力就会得到强化。在一项研究中，以营业员和大学生为对象进行了自我管理教育，结果发现这些人不仅增强了意志力，连同营业业绩和学业成绩都得到了提高[18]。

意志力增强后，会出现惊人的结果。梅甘·奥腾和肯·程将一些有志做好体能训练管理、学习习惯管理和财政管理的人聚集到一起，让他们参与到教育过程中[19]，并让他们写每日目标和活动日志，结果就出现了一些变化。参与学习习惯训练的人不仅改善了学习习惯，而且还比之前更热衷运动，连冲动消费的习惯也能自行控制了。

另外，参与体能训练和财务管理项目的人也比之前更努力学习了。他们通过培训不仅增强意志力，在不经意间还培养出了意想不到的好习惯。

意志力训练与锻炼肌肉的过程类似，短时间内会感到疲劳，感觉意志力有所减弱。而恰恰是在这个时候，只要再加把力气，持续进行训练，意志力就会变得更强。小小的行动会带来习惯的良性循环，只要选用轻松的方法培养意志力，这件事情就会比想象的容易很多。

◆ 08 重新认识压力

压力会唤醒以前的习惯

我一个朋友宣布他要减肥了，他把最喜欢的夜宵也给断掉了，就这样苦撑了一个星期，直到有一天出了问题。朋友从早上开始就因为工作进展不顺利而郁闷不已，下午甚至还和组长发生了语言冲突，倍感压力的朋友在下班路上把一直忍着没碰的炸鸡和啤酒吃了个饱。因为压力，他的决心瞬间崩塌。

我也有过类似的经历。在被远超预想的信用卡账单吓了一跳之后，我开始勒紧腰带，结果却在受到压力之后，又开始冲动消费。还有在准备考试期间，我因为压力太大，索性就睡了过去。这些记忆历历在目。压力过大会对习惯和意志力产生负面影响。在改变习惯的过程中，当我们受到的压力太大时，就会重又回到过去的习惯中[20]。压力会弱化额叶形成意志力的功能，因此，人们在感到压力过大时，意志力就会变弱，一改平时的样子，不是生气发火就是暴饮暴食。另外，在持续的压力之下，意志力会消耗殆尽，出现"自我损耗"的现象。一项研究表明，压力过大的大学生在需要一定意志力的课程中取得了较低的成绩。与此同时，在受到压力后，人的饮食习惯和情感调节能力、运动习惯都会受到极大影响，而且很难做到守时，甚至吸烟量以及咖啡因摄取量也会是原来的两倍以上[21]。由此可见，压力过大会摧毁良好的习惯。

压力一词源于代表"紧绷、紧张"的拉丁语 stringer，词典将其定义为"处于难以适应的环境时感受到的心理、身体的紧张状态"。若长期压力过大，就会患上心脏病、胃溃疡、高血压等身体疾病，还可能产生失眠、神经症、抑郁症等心理疾病。所以说压力过大是万病之源。

在互联网搜索栏内输入"压力"，就会出现解压方法、消除法、解压游戏、头痛、胃炎、职场上司等相关搜索词，其中大部分都是带有负面含义的词语。这也说明压力是不好的，应该消除。

然而，我却有不同的想法。我认为**压力不是要消除的对象，而是需要管理的对象**。理由有二：其一，压力是无论如何也避不开的。如果能避开，就没有必要感到苦恼了。既然避无可避，那就要对其进行管理。其二，压力也有积极的一面，因此需要进行管理以减轻消极面的影响，利用积极面。

压力与完成度之间的关系呈现出倒 U 抛物线形状。与毫无压力时相比，受到一定程度的压力，反而会令人在产生紧张感的同时提高专注力和意志力，最好的例证就是考试前的突击学习。但这并不是说压力会无止境地提高人的能力。随着压力强度的增加，完成度在上升到某一水平之后，就会开始下降。压力过大，会使人难以集中精力，也会厌恶学习。

压力与完成度之间的关系

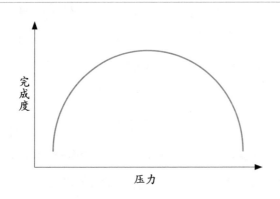

有成就的人也会受到压力。以职场人士为对象，围绕压力与业务的关系展开的研究表明，压力会对那些成就斐然的人所取得的成就产生积极影响。这是因为适当的压力提高了人的认知能力和专注力[22]。以法学院学生为对象进行的研究也显示出了相似的结果，担心成绩的学生要比不担心的学生取得的成绩更好[23]。还有一项研究结果表明，考试前的瞬间压力能够提高人的免疫力。尽管过度的、持续的压力并没有益处，但是适当的压力会对人有所帮助。

通过管理，压力也会变得有利

压力是需要有效管理的一种工具，并不是应该完全避开的对象，有效利用压力就能捕获意志力和完成力这两只兔子。下面介绍一些恰当的压力管理方法。

第一，了解压力。我曾经有过受到极大压力的经历，平时都拿海碗吃饭的我，那时连吃饭的胃口都没有了。那时，我想起一位教授说过的话："当你压力太大时，可以试着把它写下来。"于是，我把所有的压力都写到了纸上，写完5条之后，发现没有可以再写的了。在写之前，我本以为会写出好几十条，而事实上也就只有5条而已。我们本以为自己有很多压力，但多数情况下写下来的都会比想象的要少很多。仅仅是对压力有所了解，就可以减少很大一部分的压力。

第二，区分压力。英国埃克塞特大学的爱德华·沃特金斯（Edward Watkins）教授把忧虑分为有助益的忧虑和没有助益的忧虑两种[24]。我有位朋友因为肩膀痛而忧心忡忡，前不久他的腰也痛过，于是他充满忧虑地想："如今身体好像变得越来越弱了。"我让他去医院看看，他先是叹了口气，继而说道："现在都已经成这样了，往后该病成什么样啊？"他这种忧虑就是杞人忧天。

沃特金斯教授认为，杞人忧天不会对人有任何帮助，只靠忧虑是解决不了任何问题的。对人有帮助的忧虑，是旨在解决问题的现实性忧虑。肩膀之所以会痛，也许是因为周末运动过量，那就去找一家可以诊治的医院。这种才是有助益的忧虑。从之前记下的各项压力中果断画掉无谓的忧虑吧！这会让心情变得格外轻松。

第三，**做出最佳选择**。人生充满了选择，购物、升学、就业、结婚、生育、跳槽、搬家……我们在生活中要做无数次选择。很多人会在选择过程中承受压力，或因为做了令自己后悔的错误选择而倍感压力。明智的选择会让人避免承受过度的压力。

传说在一个印第安部落，有种成人礼是让人走进玉米地，摘下最大最成熟的玉米回来就可以了。但是有3条规则：一、有时间限制；二、只能摘一穗玉米；三、已经走过的路，不可以再折返。

有一天，部落为两个人举行了成人礼。这两人站到了玉米地前，先出发的一人在入口处发现了一穗很大的玉米，当时他想着"后面还会有更大的玉米"，于是就径直走了过去。他怀着这样的心情一直走一直走，直至走到出口附近，他的时间也快用尽了，匆忙间只能随手摘下出口处的一穗玉米。最后，他因为没能摘下入口处的大玉米而后悔不已。而另外一个人却果断地摘下了入口处的大玉米，这正是刚才那人因错过而后悔不已的玉米。可是他走进玉米地后，又发现了比刚才选的更大的玉米，于是他后悔自己过早做了选择。

最佳选择是什么呢？韩国江北三星医院精神健康医学科申英哲教授说："最佳选择并不是选最好的，而是努力把自己选的变成最好的。"

谁都几乎不可能做出最好的选择，但谁都可以把自己的选择变成最好的。

◆ 09 淡淡的幸福

积极情绪有助于恢复意志力

我去家附近的公园散步，可能是因为天气好，那里有很多人。正当我呼吸着新鲜的空气怡然自得地散步的时候，却被孩子的哭声绊住了脚步。只见看上去三四岁模样的孩子跌坐在路边哭闹着，孩子说自己走不动了要妈妈背，看他的表情好像真的是累坏了。但是妈妈身上还背着一个大包，貌似很难再背起他了。我怀着半是担心半是好奇的心情，站在那里看了一会儿。只见妈妈对着孩子的耳朵说了句悄悄话，孩子马上止住了哭声，喜笑颜开道："冰激凌？"说着，他猛地从地上爬起来，拉着妈妈的手快步走在了前面，他的脚步看上去是那么轻盈。

当意志力消耗殆尽时，人们会陷入无法调节行为和情感的自我损耗状态。美国佛罗里达州立大学（FSU）的戴安娜·泰斯（Dianne Tice）的研究小组曾通过实验研究了积极情绪对自我损耗产生的影响。

研究小组把大学生分成 A、B、C 3 组，然后分给 A 组和 B 组需要用意志力来完成的第一项课题⑧。课题要求组员在 5 分钟内把所有想到的东西都记录下来，但是有一个附加条件——不能想白熊。参与者们在完成第一项课题时，需要用意志力努力控制自己不去想白熊。

5 分钟后，研究者给 A 组颁发了参与过研究的证明信，B组则是发了包装好的糖果作为答谢礼物。A 组参与者都是一副理所当然的表情，而 B 组参与者则因意想不到的糖果礼物而开心不已。

过了一会儿，参与者开始完成第二项课题，课题内容是尽可能多地喝加入食醋的橙汁，同时还发给参与者食醋对健康有益的媒体报道。虽然不确定饮料对身体是否有好处，但可以确定那并不是什么好喝的饮料。

每当参与者喝完一杯，15 秒后研究者就会问参与者能不能再多喝一杯。研究者会一直这样问下去，直到参与者拒绝再喝。第二项课题也是需要意志力的。在完成两次课题的 A 组和 B 组中，哪一组喝的更多一些呢？

A 组平均喝了 2.67 杯，而 B 组则喝了 5.50 杯——是 A 组的两倍以上。只完成第二项课题的 C 组，平均喝了 5.58 杯，几乎与 B 组持平。该如何解释这种现象呢？

如果以 C 组为标准，就很容易理解了。C 组并没有参与第一项课题，而 A 组和 B 组在完成第一项课题的过程中已经消耗了意志力。因此，比起没有消耗意志力的 C 组，A 组喝下的饮料就会少一些。那么，B 组的结果又该如何解释呢？B 组也像 A 组一样消耗了意志力，但是却喝掉了与没有消耗的 C 组相差无几的量，秘密就在于积极情绪。B 组因为得到了惊喜礼物而开心不已，并由此恢复了意志力，因此出现了与 C 组相似的结果。在相似的研究中，观看喜剧电影的人也恢复了意志力[20]。

戴安娜·泰斯研究小组的实验摘要

区分	A 组	B 组	C 组
第一项课题 （5分钟内记录想起的事情，禁止想白熊）	实施	实施	未实施
第一项课题结束后提供	参与证明	惊喜糖果礼物 （心情变好）	—
第二项课题 （喝加入食醋的橙汁）	2.67 杯	5.50 杯	5.58 杯

积极情绪有利于增强额叶的活性。李时亨博士提出了 10 条可以将额叶潜能提高两倍的戒律，下面是其中几条。

"要能被感动到泪流满面。要能与人相处，但是独自一人也能幸福。就算只抓到一条小鱼，也要像抓到鲸鱼一样开怀大笑。感谢是最有力的治愈剂。"

这些全部都是与积极情绪有关的内容。想要培养习惯，就要让行为有所变化，而积极情绪对行为的变化过程有正面影响[27]。积极情绪会在行为开始发生变化时就起到催化剂的作用。另外，如果能积极看待目标，对激发动机也有帮助。在减肥研究中，那些对减肥目标进行正面评价的参与者，会采取更多有助于减肥的行为。

血清素带来的幸福远超多巴胺带来的幸福

以为实现了宏伟的目标，就会一直幸福下去；以为只要考上大学、在就业竞争中胜出，就会永远幸福。可真的会这样吗？

回想我们入学、就业、恋爱、结婚、升职等兴高采烈的时刻，只是在达成所愿的那个短暂瞬间感受到了幸福。无论是谁，只要取得了成就，刚开始都会很高兴，但是随着逐渐熟悉了幸福的状态，幸福感会逐渐减弱。这源自我们拥有的惊人的"适应"能力。幸福感持续的时间比想象的更短，因此幸福感的频度要比强度更重要。想要养好"幸福"这棵树，最好有一阵一阵的细雨，而不是一场阵雨。

如果出现积极情绪，大脑就会分泌神经递质——多巴胺和血清素。多巴胺能带来激动、兴奋和快乐，让我们心情愉悦，但它也有值得注意的地方。首先，多巴胺带来的刺激性快感会使交感神经兴奋，从而引发不安和愤怒。其次，要小心成瘾。酒、烟、药物等也会使人分泌多巴胺，但是当摄入量无法令人感到满足时，就会出现空虚和不安等戒断症状。多巴胺要求更大刺激的这种特性，很可能会让人成瘾。

相反，血清素不会给人刺激性的快感，而是能让人感受到淡淡的幸福。血清素具有调节情感的作用，即使摄入不足也不会出现空虚或戒断症状，因此没有成瘾的危险。同时，能产生血清素的习惯对保持稳定的积极情绪也很有效果。

那么，怎样做才能在日常生活中经常感受到淡淡的幸福呢?

第一，写感恩日记。找出一天之内发生的 3 件值得感谢的事情并记录下来。刚开始你可能会苦恼要写什么。如果没有特别值得感谢的事情，平安度过一天也可以写成值得感谢的事情。早晨听到闹钟响后按时起床，坐上地铁安全上班，吃了顿可口的午餐，健康地度过每一天，这些琐碎的平常事也都可以成为值得感谢的事情。也许有人会觉得连这样的事情都要感谢，实在是太小题大做了，但是写感恩日记的目的就是培养积极情绪，所以无论多么琐碎的事情都可以感谢。

开创积极心理学的临床心理学家马丁·塞利格曼（Martin Seligman）教授曾让患有严重抑郁症的患者写了1周的感恩日记，并将患者在写感恩日记之前和之后的抑郁程度和幸福感程度进行了比较。

写感恩日记的效果

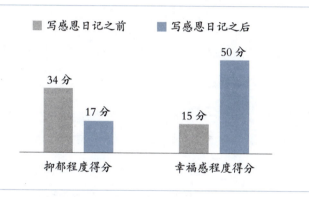

结果令人印象深刻。写了1周感恩日记之后，患者的抑郁程度从34分减少到了17分，幸福感程度则从15分增加到了50分。相反，没有写感恩日记的患者，其分数并没有发生太大变化。感恩日记让抑郁症患者减轻了抑郁程度，增加了幸福感[22]。有研究结果表明，写感恩日记会使人增加50%的运动量[23]。

我已经写了6年的感恩日记，效果很明显。我每天想起值得感恩的事情，都能感受到淡淡的幸福。有一天，我收到了一封听我习惯讲座的新职员发来的邮件：

"您好！我是新职员×××。今天正好是我写感恩日记的第80天。我是用应用程序写感恩日记的，每天至少记录3件事。这个月最多的一天，我记下了10件事。比起幸福的日子，感恩日记在疲惫忧郁的日子里更加闪耀。在疲惫无力的日子里，我看到以前写的感恩日记就会笑一下……刚开始我真的是半信半疑，后来养成了这个好习惯。我想以这个习惯为契机，考虑一下再培养哪些习惯。感谢您的讲座。"

写这么好的感恩日记只需要1分钟，这是性价比最高的习惯。

第二，开展步行运动。走路能唤醒大脑，使身体分泌血清素。因此，只要走30分钟，就会变得幸福。"每天步行30分钟"是美国阿尔茨海默病协会提出的"守护大脑的方法"中着重强调的一项。步行运动最大的优点是随时随地都可以轻松进行，甚至可以戴着口罩进行。晒着太阳行走，或是在大自然中行走，效果会更好。

第三，愉快地会面。人是社会性动物，因此在亲密的关系中能够感到舒适和幸福。我们只要能和朋友见面就已经很好了，如果还可以一起吃好吃的，尽情聊想聊的，那就更幸福了。能和朋友一起散步或运动是很不错的事情，坐下来聊天也是好的，但是更建议大家在一起边走边聊。

养成好习惯就会变得幸福，大脑就会活跃起来，意志力也会得以恢复，而意志力又会强化好的习惯，就会形成"好习惯→幸福→意志力→好习惯"这种幸福的良性循环。

小时候，我经常在满是三叶草的草地上寻找四叶草。四叶草的花语是"幸运"，三叶草的花语是"幸福"。想想那时的我，是不是为了寻找难以找到的幸运，而忽略了身边的小幸福呢？

引文来源及参考资料

① 出自 R. F. Baumeister & J. Tierney，《意志力的再发现》

② 出自 E. K. Papies & H. Aarts，"Nonconscious self-regulation, or the automatic pilot of human behavior"

③ 出自 R. F. Baumeister, E. Bratslavsky, M. Muraven & D. M. Tice, "Ego depletion — Is the active self a limited resource?"

④ 出自 M. S. Hagger, C. Wood, C. Stiff & N. L. D. Chatzisarantis, "Ego depletion and the strength model of self-control — A meta-analysis"

⑤ 出自 D. T. D. De Ridder, G. Lensvelt-Mulders, C. Finkenauer, F. M. Stok & R. F. Baumeister, "Taking stock of self-control — A meta-analysis of how trait self-control relates to a wide range of behaviors"

⑥ 出自 R. F. Baumeister, E. Bratslavsky, M. Muraven & D. M. Tice, "Ego depletion — Is the active self a limited resource?"

⑦ 出自 M. T. Gailliot, R. F. Baumeister, C. N. DeWall, J. K. Maner, E. A. Plant, D. M. Tice 等，"Self-control relies on glucose as a limited energy source — Willpower is more than a metaphor"

⑧ 出自 S. Dansiger, J. Levav & L. Avnaim-Pesso, "Extraneous factors in judicial decisions"

⑨ 出自 Duk L Na，《前额叶型人》

⑩　出自 Duk L Na, 《脑美人》

⑪　出自 https://weekly.donga.com/3/all/11/2144293/1

⑫　出自 https://www.newsweek.com/2013/10/25/clearing your brains cache 243716.html

⑬　出自 M. E. Raichle & A. Z. Snyder, "A default mode of brain function — A brief history of an evolving idea"

⑭　出自 B. Draganski, C. Gaser, V. Busch, G. Schuierer, U. Bogdahn & A. May, "Changes in gray matter induced by training"

⑮　出自 M. Taubert, J. Mehnert, B. Pleger & A. Villringer, "Rapid and specific gray matter changes in M1 induced by balance training"

⑯　出自 M. Oaten & K. Cheng, "Longitudinal gains in self-regulation from regular physical exercise"

⑰　出自 M. Muraven, "Building self-control strength"

⑱　出自 C. A. Frayne & J. M. Geringer, "Self-management training for improving job performance"

⑲　"体力锻炼研究" 出自 M. Oaten & K. Cheng, "Longitudinal gains in self regulation from regular physical exercise"

　　"学习习惯研究" 出自 M. Oaten & K. Cheng, "Improved-self-control — the benefits of a regular program of academic study"

"财政管理研究" 出自 M. Oaten & K. Cheng, "Improvements in self-control from financial monitoring"

⑳ 出自 W. Wood & D. Rünger, "Psychology of habit"

㉑ 出自 M. Oaten & K. Cheng, "Academic examination stress impairs self control"

㉒ 出自 A. M. Perkins & P. J. Corr, "Can worriers be winners? The association between worrying and job performance"

㉓ 出自 H. I. Siddique, V. H. LaSalle-Ricci, C. R. Glass, D. B. Arnkoff & R. J. Diaz, "Worry, optimism, and expectation as predictors of anxiety and performance in the first year of law school"

㉔ 出自 E. R. Watkins, "Constructive and unconstructive repetitive thought"

㉕ 出自 D. M. Tice, R. F. Baumeister, D. Shmueli & M. Muraven, "Restoring the self — Positive affect helps improve self-regulation following ego depletion"

㉖ 出自 B. Schmeichel & K. Vohs, "Self-affirmation and self-control — Affirming core value counteracts ego depletion"

㉗ 出自 A. J. Rothman, A. S. Baldwin, A. W. Hertel & P. T. Fuglestad, "Self- regulation and behavior change"

㉘ 出自 M. E. P. Seligman, 《马丁·塞利格曼的积极心理学》

㉙ 出自 R. A. Emmons & M. E. McCullough, "Counting blessing versus burdens — An experimental investigation of gratitude and subjective well-being in daily life"

第二部分

ONE HABIT

培养习惯的八大核心策略

记录会带来反省，反省是"深刻反思自己做过的事情"。

　　经过检验记录的资料会通过分析和反省，重生为知识和智慧。

　　每周确认一次自己记录下来的运动量，并想一想："为什么这周的运动量比上周减少了呢？"这样就可以找出原因并加以改善。临睡前一边回想这一天发生的美好或遗憾的事情，一边规划明天，人生就会一点一点走向幸福。

◆ 10 One，只专注于一

"多任务处理"只是假象

我喜欢看有超级英雄的电影，主人公孤身一人就能打赢数十名歹徒。而每当主人公胜利时，我会像自己获胜一样感到很爽、很过瘾。然而在现实中却并非如此，一个人别说是打赢数十人，就是一对一也不一定能获胜。

不过，在现实生活中我曾有过以一敌五的经历，而且还不止一次。与电影里不同的是，我的对手并不是人，而是习惯。我每年都会订下培养5个新习惯的目标，诸如每周运动3次、每周读1本书、外语过级、不吃夜宵等。每年我都会为了达成目标而努力，可结果却并不尽如人意。过不了多久，目标就在不知不觉中被我遗忘了。

同时实现 5 个目标，这就像是超级英雄以一敌五。如果 5 个对手都很强，问题就更严重了。令人惭愧的是，我已经连续几年输给了同一个对手——"每周运动 3 次"。在一对一的战斗中尚且屡战屡败，还妄想一下子对付 5 个对手，结果可想而知，我自然是撑不了多久就倒下了。我们不是武林高手，都不过是平庸之辈。所以，别说是 5 个对手了，就算同时面对两个，也不可能战胜对方。

　　但是不知为什么，我就是想同时达成多个目标，我总觉得"多任务处理"是能力强的一种表现。投资专家加里·凯勒（Cary Keller）在《最重要的事，只有一件》（*The One Thing*）中提出，更专注地做一件事情，是获得更大成功的秘诀。他明确表示："消耗我们生命的多任务处理是虚假的神话。"不仅如此，他还建议人们要专注于做一件事情。他认为，人可以同时做两件事，但不能完全保持专注。多任务处理会降低效率，这种主张是否也适用于习惯的养成呢？

　　人们喜欢吃的饼干和巧克力这类零食又甜又好吃，那是因为它们含有大量的糖和化学添加剂，但糖和化学添加剂是不利于健康的。围绕着"怎样才能减少摄入零食"的问题，荷兰一个研究小组曾开展过一项研究[1]，参与研究的是一些想对饼干、巧克力、爆米花等不利于健康的零食进行控制的大学生。为了掌握大学生平时摄入零食的量，研究者要求他们写零食日志。与此同时，大学生们还被分成了两组，A 组被要求达成 1 个目标，而 B 组则是 3 个目标，大家都为达成自己的目标做出了努力。那么，结果是哪个组的零食摄入量减少了呢？正如预想的那样，是专注 1 个目标的 A 组。A 组的日均零食摄入量从 420 卡路里减少到 243 卡路里。相反，为了同时达成 3 个目标而努力的 B 组零食摄入量却并没有减少，反而略有增加。在习惯的培养上，比起多个目标，专注 1 个会更有效果。意志力是有限的能量，习惯的养成也需要选择和专注。就像用放大镜将阳光聚焦到一个地方就能点着火一样，只有把能量集中到一个地方，才能提高完成度。实现目标的最佳方法就是只确立 1 个目标。如果把能量集中到 1 个目标上，达成所愿的概率就会提高。

先培养可贵的习惯

有一位掰手腕达人在电视节目《生活达人》中进行表演，与特战队出身的 50 位消防员和警察展开了掰手腕对决。虽说达人是掰手腕冠军，但也不可能战胜 50 位对手吧？

可事实是，他如秋风扫落叶般把这 50 位壮士一个不剩地全都打败了，真可谓技惊四座。但是，如果 50 人一齐涌向他，就算是达人恐怕也难以招架。不，哪怕只有 5 个人，如果一下子都扑向他，他也不可能赢得过他们。

在小区超市里，我也看到过类似的情景。虽然有很多人在收银台前排队，但是收银员只集中精力招呼眼前的那位顾客。一个接一个进行结算，虽然需要一些时间，但是可以算完所有顾客的账。如果带着尽快办完业务的心情，同时给多个客人一起结账，收银员和顾客都会受不了。让我们把掰手腕和超市结账的原理运用到习惯的培养上吧。

如果同时有 5 个想要养成的习惯，那我们该怎么办呢？以一敌五的结果，必定是逢战必败。所以，要一对一单挑。首先要确定轻重缓急的顺序，把精力集中到第一个习惯的培养上。等到第一个习惯已然养成，再将能量集中到第二个习惯上。习惯一旦养成，即便不付出额外的努力，也能一直保持下去。因此，循序渐进地一个接一个培养，就能拥有很多好习惯。

我从 5 年前就开始用这个方法了。之前那些没能坚持下来的习惯，现在一个一个都成了我生活中的一部分，现在我正在挑战培养第十个习惯——写作。

如果想养成的习惯有很多，该怎么从中选出一个来呢？只选一个的话，又放不下其他习惯，逼得人都要患上选择困难症了。选择也是消耗意志力的事情，因此需要有效的方法。

第一，根据重要程度和紧急程度确定优先顺序。这个方法虽然很简单，但是效果却很明显，被人们广泛使用。先写下想养成或想改掉的习惯，然后将各个习惯的重要程度和紧急程度以满分 10 分的标准，按比例赋分后画图。图的 X 轴是重要程度，Y 轴是紧急程度。习惯清单上的各种习惯中，既重要又紧急的习惯排在第一位。几年前，我曾第一次采用这种方法。如图所示，从重要程度来看，"万步行"和写感恩日记都是 9 分，但是由于我当时饱受腰痛的折磨，所以紧急程度更高的"万步行"就被排在了第一的位置。

习惯清单和优先顺序矩阵

习惯	重要程度（满分10分）	紧急程度（满分10分）
万步行	9分	10分
写感恩日记	9分	6分
不吃糖果、巧克力	7分	5分
测量体重	6分	7分

第二，去掉不重要的东西。选择不是做加法，而是做减法。米开朗琪罗将自己的雕刻工作称为"去除不必要部分的过程"。在去掉不重要部分的过程中，重要的部分就会留下来。列出想培养的习惯，并从中逐一去掉不重要的，到最后就会留

下重要程度相似的习惯。这时就像"炸酱面还是海鲜面"一样，通过假想对决，选出一个就可以了。

那么，你现在最想培养的习惯是什么呢？

◆ 11 Note，记录结果

不能检测则无法管理

韩国演员高小英在某个电视节目中被问及"从 1992 年出道至今，依旧保持美貌的秘诀是什么"的时候，她回答："我每天都会站到体重秤上，只要体重增加 1 千克，当天马上就会控制饮食。"这样的回答，让原本对秘诀充满期待的主持人措手不及。高小英在某次记者见面会上也曾提到过自己管理身材的秘诀，那就是"从小就有的经常称体重的习惯"。难道每天称重真的能控制体重吗？

营养心理学家大卫·列维茨基（David Levitsky）的研究小组研究了体重测量与减肥之间的关系[②]。研究者将发起减肥挑战的成年人分成两组。由于不限制减肥方法，所以参与者们都用自己想尝试的方法开始减肥。两组唯一的区别在于是否测量体重：A组每天测量体重并记录下来，而B组没有测量体重。过了一段时间，每天测量体重的A组平均减重2.6千克，没有测量体重的B组只减少了0.5千克。这与减肥方法无关，每天测量和记录体重的行为本身就会对减肥起到一定的效果。

列维茨基在接受采访时对其原因解释道："每天上体重秤就会留意体重，从而带来习惯上的变化。如果确定你的体重增加了一点，你就会比以前更加强烈地抵抗可能导致暴饮暴食的环境信号。"

每天测量体重的习惯是经过科学验证的减肥秘诀。很多人都有一两次减肥成功的经历，但由于反弹现象，成功不会持续太久。如果每天测量体重，可以避免出现反弹现象吗？

曾经有一个充满好奇心的研究小组研究过这一问题。美国某研究小组对成功减肥的314名成年人进行了为期18个月的观察③。观察结果显示，每天测量体重的人能避开反弹现象，一直保持体重，他们不仅很少出现暴饮暴食现象，而且也很少表现出失望、忧郁等负面情绪。

另外一项由大学生们参与的研究也显示，在12周内每天测量体重的学生并没有发胖，而没有测量体重的学生则人均增重2.3千克。

每天确认体重，对避免反弹现象的出现是很有帮助的。实际上，康奈尔大学的一个研究小组也曾做过一项调查，结果显示身材苗条的人里有 50% 左右会经常测量体重，这与我们之前看到的研究结果别无二致。

管理学家彼得·德鲁克表示："如果不能检测就无法管理，如果不能管理就无法改善。"这句话强调了检测的重要性。通过检测，就可以客观地掌握目前的状况，进而对改善行为有所助益。那么习惯又该用什么方法检测才好呢？

第一，每天在同一时间进行检测。体重会随着时间变化而变化，因此如果要进行纵向比较，最好每天在同一时间测量体重。早晨体重较轻，晚饭后体重会增加。

我每天分早晚两次测量体重，这样可以确认早晚的体重变化。如果因为忙，只能测量一次，那最好把时间定在早上。晚上称体重，睡一觉醒来后可能会忘记；但是早上称体重，从一早开始就可以控制食量了。要是能使用可以测体脂的体重秤，那就再好不过了。

第二，利用应用程序。这对测运动量特别有效果。有很多应用程序可以准确测量步行、跑步、骑自行车的距离，并一目了然地显示出来。就像通过测量体重可以达到减重目的一样，掌握运动量也会对健康产生积极影响。计时器可以用来测量学习时长或运动时长。

养成习惯的方法可谓种类繁多。分析 122 项关于饮食和运动的相关研究发现，用到的方法共有 26 种，其中最有效的就是测量和记录 ④。即使没有制订培养习惯的具体计划，做好测量和记录也能获得一定的成效。测量和记录的力量就是如此强大。

记录会带来变化

"记录会支配记忆。"

这是数码相机的广告词。在当年那个胶卷相机较普遍的时代，这句话主要体现出了数码相机可以保存记录的优点。监测习惯的点睛之笔就在于记录。只测量却不记录，则无法进行管理，也不会带来改善。

记录带来的效果在各种习惯的培养过程中会发光发亮。记录自己吃过的食物，可以带来体重减轻的结果 ⑤。记录用餐量虽然是比较简单的做法，但是其效果却异常明显。记录支出情况，就可以攒钱；记录工作情况，就可以积攒实力。这是因为记录会带来反省，而反省则会带来变化。

朝鲜李朝的李舜臣将军是把记录和反思当成习惯的代表性人物。从超过 13 万字的《乱中日记》中可以看出，李舜臣将军并不是一位简单用"勇敢"或"完美"就能定义的人，有时他也会表现出软弱、不完美的一面。他通过日记对此进行了反思，并通过反思弥补了自身的不足。

记录是进行反省和改变自己的好机会。在记录的同时，可以检查现在的行为并计划未来的行动。记录和反省会慢慢改变想法和行为。那么究竟该怎样进行记录和反省呢？

"体重无论是记录在纸上，还是通过手机应用程序记录，都是有效果的。"

正如列维茨基所说，可以采用自己觉得方便的方法进行记录，最好根据自己的喜好选择日记、笔记或智能手机应用程序等。无论是采用模拟计算机方式，还是数码方式，其实都各有各的优点。日记或笔记等模拟方式的优点，是可以通过写字这一行为强化记忆，回忆起记录时的心情和感情。而智能手机等数码机器可以自动记录，在对体量比较大的记录内容进行查询或比较时非常方便。"万步行"应用程序可以自动记录步数，并将结果与朋友们的进行比较并显示出来，因此会产生有效的激励作用。所以，模拟和数码中的任何一种方法都是有用的。比起记录方法，记录这一行为本身更为重要。

我会把习惯培养结果记录到应用程序中，只要轻轻一触，就可以完成记录，很方便。记录我的 10 多个习惯，都花不了 1分钟时间。我使用的应用程序名叫"习惯黄金跟踪器"。如下图所示，只要轻触相应的日期，就能记录成功。这里其实隐藏着一个秘诀，即人们在成功养成某种习惯的几天后，会形成一种行为惯性，它会让人产生第二天继续做下去的欲望，所以实践可行性也会提高。

记录习惯应用程序（示例）

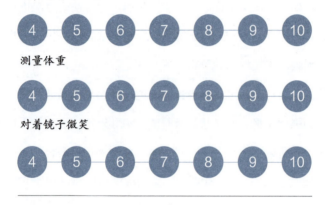

轻触"实践与否"即可完成签到

写3篇感恩日志

测量体重

对着镜子微笑

可以看到各个习惯的连续成功天数与成功率

写3篇感恩日志	2082	100%
测量体重	838	99%
对着镜子微笑	1024	100%

我也曾有过中间忘记的时候，而每到这时就会徒留遗憾。与其留下遗憾，不如用轻松的方式培养习惯。为了把中断的习惯重新捡起来，第二天我一定会尽力补上之前落下的。另外，可以给各个习惯设定闹钟，这样就能帮助自己不忘记践行每一

个习惯。搜索"习惯"就会出现数十个应用程序，只要选用自己喜欢的就可以了。

记录会带来反省，反省是"深刻反思自己做过的事情"。经过检验记录的资料会通过分析和反省，重生为知识和智慧。每周确认一次自己记录下来的运动量，并想一想："为什么这周的运动量比上周减少了呢？"这样就可以找出原因并加以改善。临睡前一边回想这一天发生的美好或遗憾的事情，一边规划明天，人生就会一点一点走向幸福。

正如《乱中日记》所写的那样，反省是人类成长的动力。有人可能会说，尽管知道了反省的好处，但是因为太忙，没有时间去做。其实，并不需要额外抽出太多时间，因为反省可以与测量和记录同时进行。例如，一边称着体重一边说："比昨天增加了1千克啊，今天要控制食量啦。"这种想法也是一种反省。在记日记的时候，写"上周没看书，明天上班路上得看书才行"，就是像这样自然而然地边记录边反省。反省比想象的容易，而且也用不了多长时间，所以只要下定决心，随时都可以。

◆ 12 Easy，制订简单的目标

从小而容易的习惯开始

心理学家罗伯特·西奥迪尼（Robert Cialdini）在《影响力》中介绍了一项有趣的研究。乔装成志愿者的研究小组前往美国加利福尼亚州的 A、B 两个富人村，向村民提出了荒唐的请求：在村民院子里设置又大又难看的安全驾驶宣传标志牌。

A 村中只有 17% 的人同意，而 B 村则有 76% 的人同意，B 村的同意率是 A 村的 4 倍多。是什么造成了这么大的差距呢？

事实上，该项研究从两周前就已经开始了。研究小组事先去 B 村，请求村民将写有"我是安全驾驶员"的小贴纸贴在车前的玻璃上。因为是小事一桩，所以大多数村民都同意了请求。正是这小小的举动，导致了两周后的惊人差距。因为之前

有过自愿参与贴安全驾驶贴纸的经历，所以 B 村村民在两周后大多毫不犹豫地答应了研究小组提出的有些过分的请求。

这就叫"登门槛技巧"（the "foot-in-the-door" technique），即一开始约定小事，最后在大事上得到同意。这种说服策略的核心是从小而容易的习惯开始。

养成习惯就是说服自己的工作。首先要说明为什么需要新习惯，之后要说服自己落实习惯。另外，要防止以前的坏习惯突然冒出来，还要说服自己拒绝诱惑。正如前面提到的那样，习惯也要从小而容易的开始培养，这样才能提高成功率。

从小而容易的习惯开始，其实对我们来说并不陌生，不是有句话叫"千里之行，始于足下"吗？从韩国首尔到釜山的距离约为 420 千米，算得上是千里迢迢了，古人大多是步行走这条路的。虽然距离太远了，心里会很着急，但也不可能一下迈出两三步，只能一步一步地前进。习惯也是这样养成的。

有句俗语说"好的开始是成功的一半"，这句话准确说明了开始的重要性。也就是说，无论什么事一开始都是很难的，即便开了头也很难养成习惯，但是只要养成了习惯，接下来就容易多了。由此可以看出，祖先也经历过事情起步时的困难和培养习惯的不易。

用掉头公式简化目标

想从小的目标开始，但总觉得有些不甘心。因为那句"志当存高远"，成了我最大的羁绊。"远大目标"（audacious goal）看上去是那么带劲！那些在全世界范围内取得成功的企业或人物，都是心怀远大目标的，我也想拥有那样的目标。远大的目标会让人心潮澎湃，唤起挑战精神，即使挑战失败，也会令人有所收获。

但美中不足的是，目标有多大，难度就有多大。因此，要想实现远大目标，就需要发挥优点，找到提高成功可能性的折中方案。

"大处着眼，小处着手。"（Think big, act small.）

按照我想要的方式，着力从小事开始做起。从小的、简单的目标开始做起，成功的可能性才会更大。要把那些大而渺茫的目标变小，这样才更好上手。在这种情况下，由我独创的掉头公式（U-turn），可以发挥一定的作用。掉头公式能把难以达成的目标转变为简单可行的目标，具体分为3个阶段。

第一阶段是分解，把大目标分成小目标。要想消化食物，首先要把食物放进嘴里细细地嚼碎，如果囫囵个儿吞下去，重则生病，轻则消化不良。同理，与其直接挑战又大又难的目标，不如将它分成小且容易的目标，然后分阶段实现，这样才更有效果。

假设有人制订了每年读完 50 本书的远大目标，如果他怀着"抽空认真读，就能读下来"的盲目自信开始，那么这个目标将注定无法实现。但只要把"每年读完 50 本"的目标细化成"每周读完 1 本"，就能大大提高成功的概率。

可是分解目标不能只停留在这里，还要分得更细一些。要想每周读 1 本书，每天大概要读完 50 页，而这需要大约 100 分钟的时间。那么，就要围绕着每天确保 100 分钟读书时间的目标，制订更具体的计划。如果把原本又大又渺茫的目标细化成小的，那么目标就更有真实感，也更加具象化。

要是不能每天都抽出整块 100 分钟的时间，那就把目标再细化一下。如果缩短 100 分钟的睡眠时间让你感到有负担，那么可以把零散的时间充分利用起来。上班路上的 20 分钟、开始工作前的 20 分钟、午餐时间 20 分钟、下班前的 20 分钟、下班路上的 20 分钟、睡觉前的 20 分钟……就像这样，目标分解得越细，成功的可能性就越大。经常感受到成就感，人就会越来越幸福。也就是说，比起一次巨大成就，很多次的小成就反而会让我们更幸福。

第二阶段是提问。通过提问，确认一下目标是否容易达成，如果是难以达成的目标，就把它换成简单的目标。就像第一阶段提到过的那样，把读书目标分成几个小部分后，按部就班地完成。这事貌似可行，实则不然。因为每天读 100 分钟书，这件事本身就不是那么容易的。如果平时也不怎么读书，那就更是难上加难了。

曾经有一位参加过习惯讲座的老师订下了"每天读书 100 分钟"的目标。我觉得这不是个简单的计划，所以就问他："老师，您今晚要拿出 100 分钟来读书吗？"老师一脸错愕地回道："今天就开始吗？今天有点难办啊。"

"从今天开始每天都能读 100 分钟书吗？"当被人问到这个问题时，如果不能立即回答"能"，那就说明这件事对你来说负担太大，所以没有信心去完成。如果今天是负担的话，到了明天依然是负担，不会有任何改变。做其他事情已然让自己感到疲惫不堪了，又何必为了培养好习惯而制订过于宏伟的计划，导致自己更加辛苦呢？没有必要逼着自己一年非读 50 本书不可。在不勉强自己的前提下，哪怕一年只读一本书，也好过一本书都不读。在制订目标时，最重要的是避免好高骛远。尤其是在一开始的时候，一定要确保目标简单易行。

"我人生的奇迹是从每晚一次的俯卧撑开始的。"

这是自我开发专家斯蒂芬·吉斯（Stephen Guise）在《微习惯》一书中说过的话。他认为，比起无法实现的宏伟目标，小小的习惯反而会改变人生，于是他从一次俯卧撑开始，养成有规律地运动的习惯。做一次俯卧撑是任何人都非常容易达成的目标，两三秒就足够了，不用花什么时间。比起做几十次俯卧撑，一次俯卧撑的成功率也高出很多。先从 1 个做起，有余力的话慢慢加到两三个，到最后就可以达到做几十个也像做 1 个那样轻松自如的程度。

那么，与习惯有关的目标应该按照什么样的标准、什么样的难度去制订呢？难度达到"易如反掌"的程度就可以了，要简单到自己都怀疑"就这？"，那就没问题了。以读书习惯为例，如果一天读 100 分钟有负担的话，那么 10 分钟怎么样？有人可能会对此嗤之以鼻。如果连 10 分钟都觉得有负担的话，还可以缩短到 5 分钟，甚至是 1 分钟。只要能朝着目标一步一步走下去就可以。如果订下了轻松的目标，那么现在就该准备第三阶段了。

第三阶段是结合。第一阶段是细分目标，第二阶段是通过自问下定决心，第三阶段则是把每一天的小习惯汇总成大目标。大目标就是那个能鼓舞斗志、让人心潮澎湃的梦想。假设在第二阶段把每天的读书时间从 100 分钟缩减为更容易做到的 10 分钟，那么每天 10 分钟的时间至少也能读完 5 页。如果每天读 10 分钟，每本 250 页的书就能在 50 天之内读完。照此下去，每年就可以读完 7 本书。事实上，如果每天读书，速度会逐渐加快，1 个月就能读完 1 本书，那 1 年下来就能轻轻松松读完十几本书了。

当然，要是 1 年能读完 50 本、100 本，那自然是够风光的，但是如果无法落到实处，也不过是空中楼阁而已。因此，与不可能实现的读 100 本书相比，可以实现的读 1 本书，才算得上是百分百优秀的目标。

用掉头公式简化目标

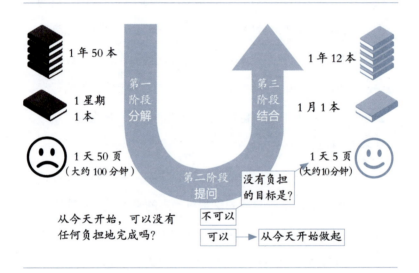

建议大家在制订目标时，最好选可以进行测量的目标。也就是说，目标里要包括数字，或者能用 "√" 和 "×" 表示是否达成了目标。"努力运动" 这一类虚无缥缈的目标，并没有任何意义。

每天早晚各做 5 分钟的拉伸运动，每天早上做 10 个仰卧起坐，每天下班时步行 1 站再坐公交，只有这些具体的目标，才能让人渐渐养成习惯。所以，比起制订一个"减轻体重"之类的模糊目标，倒不如换成可量化的目标，例如，1 个月不吃夜宵。只有这样，才能成功。

◆ 13 Hurdle，要考虑障碍

要有面对荆棘路的预案

"祝你前路繁花似锦。"

这是一句令人心情愉悦的祝福语。虽然每个人都想走在铺满鲜花的路上，但是人生在世，难免会遇到荆棘丛生的道路。要是在培养习惯的过程中，也能一直走在花径上该有多好，可惜人生不能随心所欲。比起花径，生活中经常遇到的反而是荆棘路，所以我们才会在培养习惯时屡战屡败。

"只想着玫瑰色未来的乐观主义思想反而会起到反作用。"

这是心理学家加布丽埃尔·奥廷根（Gabriele Oettingen）的主张。如果沉浸在乐观主义想象中，不知不觉间就会陷入已经达成目标的妄想里，就不会再做任何努力了[6]。如果只是

盲目乐观，大脑就无法区分想象与现实，因此很难克服现实障碍。

奥廷根教授的研究小组为了证明这一主张，开展了减肥实验。研究小组招募到 101 名想减肥的大学生，把他们随机分成了 3 个小组并分别布置了任务。

A 组的任务是，想象并记录下减肥成功后可以享受到的积极体验（包括自己变轻快的身心，穿上一直想穿的衣服出去玩，等等），然后再开始减肥。B 组则是在记录 A 组那样的乐观前景的同时，还要记下妨碍减肥的现实障碍，然后再减肥。最后，C 组在没有任何附加项的情况下，直接开始减肥。

就这样过了两周，以上 3 组中哪一组的结果会是最好的呢？

是 B 组。该组摄取的热量仅为其他组的 1/2。通过观察他们吃过的食物发现，B 组很少吃热量高的食物（如快餐、糖果、巧克力、面包、白糖等），这说明他们在保持饱腹感的同时尽可能减少热量摄入。与此同时，与其他两组相比，B 组的运动量要高出两倍以上[7]。由此可见，实践目标时既要有乐观主义想象，也要考虑到现实中的障碍。换句话说，兼顾花径和荆棘路的方法才最有效。

有趣的是，想象着积极结果的 A 组和直接实施减肥的 C 组，结果居然相差无几。也就是说，只是想象积极的结果，并不会带来特别的效果，这与很多人反复强调的"只要有梦想，就一定会实现"的信念背道而驰。其实，乐观主义想象并不一定就是坏事，有梦想当然是好的。但如果只耽于梦想而回避现实中的障碍，那么对实际行动将没有任何帮助。在做梦的同时，也要考虑现实障碍，这样才能更有效地实现目标。

障碍也是人生的一部分

我当初以"万步行"计划为契机，开始培养步行运动习惯。在勉强执行了几天计划后，我却遇到了意想不到的障碍。一天下班时突然下起雨，并一直持续到深夜，导致我没能做步行运动。说实话，我本来就已经懒得运动了，索性就以下雨为借口，耽误了一天。面对把借口合理化的自己，我深感愧疚，甚至临睡前还在不停地自言自语："只要从明天开始一次不落地努力完成就行了。"

可几天后我又遇到了另一个障碍——非常严重的雾霾。这一次，我心中"合理"的借口又开始抬起头来。

"我为什么要做步行运动呢？不就是为了健康吗？但是在雾霾严重的日子里步行，反而不利于健康。所以今天最好歇一天。"

恰巧电视节目《今日天气》中，专家那句"不要进行户外活动"的温馨提示温柔地从我耳旁拂过，我对这种合理的借口一向没有抵抗能力。

"万步行"的障碍远比我想象的要多得多。炎热、寒冷、降雪、强风等天气原因自不必说，还有疲劳、感冒、身体不适、加班、晚餐约定、赛事转播、疾病流行……其实，我最大的障碍是"发自内心的抵触"。如果没有任何理由，内心就是抵触，那我又能有什么办法呢？

我因为这样那样的理由耽误了运动，久而久之，不运动的日子就越来越多了。我雄心勃勃开始的"万步行"习惯培养计划，以失败告终。我一边感叹自己连一个用来维持基本健康的运动习惯都没能养成，另一边自我安慰着"下次好好干就行了呗"，对这样的自己深感无语。

在习惯培养研究中进行减肥实验的奥廷根教授，她的丈夫彼得·戈尔维彻（Peter Gollwitzer）也是位心理学家，且是美国纽约大学的教授，他因 if-then 计划而闻名。夫妻俩志同道合，都对培养习惯的有效方法十分感兴趣，于是共同创建了 WOOP。WOOP 由"愿望"（wish）、"结果"（outcome）、"障碍"（obstacle）、"计划"（plan）这几个词的首字母组合而成，意思是在兼顾花径（愿望、结果）和荆棘路（障碍）的基础上，制订 if-then 计划。

if-then 计划在 if 部分列出现实中的障碍，在 then 部分提出克服障碍的具体行动。例如，如果为了减肥而决心不再吃甜食，那就可以制订这样的 if-then 计划。

if：如果在家里看到糖果或巧克力（障碍）。

then：那就把它们收到看不见的地方（应对措施）。

if-then 计划的原理是配对，其策略是从精神层面把障碍和应对措施紧密地连接起来，从而提高实践的可能性。如果能事先制订具体计划，就会自动采取克服障碍的行动。

戈尔维彻综合分析了 94 项有关 if-then 计划的研究项目，发现该计划对达成多项目标起到了一定的效果，具体目标包括戒烟、培养健康的饮食习惯、自我开发、专注于业务、回收垃圾、乘坐公共交通工具、完成课题等。另外，该计划对调节恐惧、胆怯等情绪问题也有所帮助[8]。

仅仅是 if-then 计划法就已经很有效了，而 WOOP 则是在此基础上又兼顾了乐观想象和现实障碍，又会取得怎样的效果呢？

WOOP 就像《哈利·波特》里的魔法拐杖，使用它的人不仅运动量比其他人多出两倍以上，而且 4 个月后还能继续坚持下去[9]。另外，用过 WOOP 的女性会比其他人摄入更多的水果和蔬菜，其效果在两年后也能持续保持[10]。多项研究证明，WOOP 在培养运动习惯、饮食习惯、时间管理习惯、学习习惯，以及戒烟等方面，具有很强的实用性。

克服障碍

通过利用 WOOP，我终于把"万步行"培养成了自己的一种习惯。结合自己想培养的习惯来利用 WOOP 会更有帮助。WOOP 共分为 4 个阶段：

第一个阶段：愿望。写出自己期望达成的目标。当时我的愿望就是把每天走 1 万步落到实处。

第二个阶段：结果。想象一下实现了自己期盼已久的愿望后的最佳状态，同时还要想象一下成功时的悸动心情。如果我每天走 1 万步，腰部周围的肌肉就会变强，腰也不会再痛了。同时，我的腿会变得更结实，体重能得到控制，心情也会变得舒畅。最后，我会因为达成目标的成就感和自信感而万分欣喜。这就是生动描绘积极结果的过程。

第三个阶段：考虑障碍。一直走在铺满鲜花的路上固然很好，可现实却不容乐观。在培养习惯的过程中，一旦出现意想不到的荆棘路，人们就会感到措手不及。习惯养成过程中最大的障碍是什么呢？首先要认真检查自己的状况，找出隐形的障碍，一个有效的方法就是把障碍详细地写出来。

我在落实"万步行"的过程中，有两大现实障碍：一是因为天气不好（雨、雪、雾霾、酷暑、严寒等）或担心感染疾病而不方便出门的时候；二是会有疲惫的时候。这个阶段能够体现出 WOOP 的差异性。在保持乐观思维的同时还要考虑到现实中的障碍，这样就能让人明白理想和现实之间的差距了。

最后一个阶段：计划。针对已经明确的障碍，制订一个可以克服它的计划。这里要用到 if-then 计划。在 if 部分写障碍，在 then 部分写具体的应对措施。我为了克服"万步行"的障碍，制订了以下 3 项计划：

1. 天气不好或担心被传染疾病时，出行就会不方便，那就在家里运动 30 分钟。

2. 天气炎热时，就在凉爽的晚上走；天气冷的时候，就在暖和的白天走。

3. 在非常疲劳的日子里，只走 5000 步。

在上述 3 项计划中，出现了比"万步行"运动强度弱一些的项目。我觉得比起找各种借口不运动，反倒是多少运动一些会更好。通过利用 WOOP，"万步行"比以前更容易完成了。之前，如果我以天气或状态不好为借口不运动，心里会感到不舒服。但是现在有了明确的计划，按部就班去做，心里也就舒服多了。就像这样，利用 WOOP 可以提前准备克服现实障碍的具体行动，因此实践的可能性也会大大提高。

分类	内容
愿望	每天完成"万步行"
结果	减轻腰痛症状，强化腿部肌肉，控制体重，保持愉快的心情，提高成就感和自信心
障碍	不方便出去（天气糟糕或担心被传染疾病）时，疲劳时
计划 （if-then）	1. 天气不好或担心被传染疾病时，出行就会不方便，那就在家里运动 30 分钟 2. 天气炎热时，就在凉爽的晚上走；天气冷的时候，就在暖和的白天走 3. 在非常疲劳的日子里，只走 5000 步

WOOP 是经过科学验证的习惯养成工具，是值得信赖并可以放心使用的。顺便说一句，在利用 WOOP 的时候，最好尽可能详细地写出障碍和计划。研究证明，计划写得越详细，成功的可能性就越大。在授课或进行指导时，我都会建议人们至少写 3 条以上。

如果有想培养的习惯，那就先制订一下 WOOP 吧。如果突然写这个让你感到有负担，你可以把它看成是草案，随时都可以进行修改。你可以参考上面提到的例子制订，也可以使用奥廷根开发的 WOOP 应用程序填写。利用 WOOP，你就可以向着自己想要的习惯再迈进一步。

◆ 14 Attach，跟着老习惯

为什么药得在饭后 30 分钟吃？

周末吃饭的时候，家长会问孩子们这一天的日程安排，以便确认他们有没有和朋友的约会，或确认一下补习班的补课时间，这是为了避免重复准备晚饭。比方说，家长本以为孩子会吃完饭再回来，可刚撤下晚饭，晚归的孩子就吵着要吃饭，于是不得不重新摆上晚饭。每当这时，家长就会想：

"早点回来一起吃饭的话，只要在饭桌上添副碗筷就行了……"

养成新的习惯就像重新摆晚饭一样麻烦，想开始做平时没做过的事情，当然没那么容易。如果就像在摆好的饭桌上添一副碗筷一样，习惯也能按我们的意志轻轻松松地养成，那该多

好啊。

"请在饭后 30 分钟服用。"

这是在药店买药时经常听到的一句话。事实上，大部分的药无论在什么时候吃，都不会影响药效。那么，为什么随时都可以吃的药，一定要让人在饭后 30 分钟吃呢？

药物通常经过食道在胃或小肠中消化并被吸收到血液里，而药效持续时间通常是 5 ～ 6 个小时。我们平时每隔 5 ～ 6 个小时会做的事情就是吃饭，早餐在 7 点左右，午餐在 12 点左右，晚餐在 18 点左右。

药效持续时间和用餐时间的间隔基本一样，所以为了让人记住吃药，就把服药和用餐联系在了一起。就像要在饭桌上放碗筷一样，吃完饭就吃药，这是把已有的饮食习惯与新的服药习惯联系在一起，使新习惯更容易固定下来。这种策略也常被企业使用。

跨国企业宝洁公司（P&G）的研究员偶然发现有种物质可以祛除渗入纤维中的异味，据此开发出了一款除味喷雾，其在投放市场前就被公司寄予了厚望。虽然进行了大规模营销，但是这款除味喷雾初期的销售业绩非常糟糕，甚至被称为宝洁公司历史上最糟糕的失败产品。然而现在，它已成为全世界备受欢迎的热销商品。这中间到底发生了什么事情？

在首次推出除味喷雾的时候，广告传达出的主要信息是

"可以祛除恶臭"。当时的人们并没有特别意识到使用除臭剂的必要性。早已习惯了自家气味的人，甚至认为自己家里什么异味都没有，对除臭剂更是嗤之以鼻。宝洁公司因此陷入了巨大的投资失败危机。

于是，宝洁公司营销团队仔细研究了之前收集的消费者资料，发现人们喜欢在打扫卫生之后有香香的味道，于是就在除味喷雾中添加了各种香味。营销团队调整了所有策略，发布了一则新广告，表现出人们在打扫卫生后喷洒除味喷雾时幸福的样子。这种策略就是把人们原有的清扫习惯与喷洒除味喷雾的新习惯联系到一起。果然，这种衔接策略非常有效，除味喷雾的销量从此一路飙升。

铅笔和橡皮擦

1858 年，15 岁的画家海门·李普曼（Hymen Lipman）还是一个要照顾生病寡母的少年。那年冬天，为了维持生计，李普曼不得不一大早就开始努力画画。因为只有在上午把画画出来，才能在下午卖出去。忙乱中，他遗失了橡皮，甚至找遍了整个屋子也没能找到，结果画也没卖成。

第二天，李普曼用线把铅笔和橡皮擦系到了一起。尽管这样就不会再丢失橡皮，可是系在铅笔上晃来荡去的橡皮让他感到很不方便。有一天，他正要出门，边戴帽子边照了照镜子。看到镜子里的自己，他忽然一拍大腿，想到了一个好主意。他想，就像自己头上戴帽子一样，可以给铅笔也戴上"橡皮帽"。就这样，李普曼发明了带橡皮的铅笔，并以10万美元的价格将自己的专利卖给了企业家，从此变成了一位富翁。

通过这则故事，我们可以看出"饭后30分钟再吃药"这句医嘱，就像用线把铅笔和橡皮系到一起一样。有时饭后再等30分钟，可能等着等着就忘记吃药了。据说，韩国首尔大学附属医院早在几年前就已经把服药方法从"饭后30分钟"改为"饭后"了，医生认为记住吃药更重要，所以把服药方法改成了饭后即可服用。这就像在铅笔上安橡皮擦一样，在原有的习惯上附上了新的习惯。

在培养新习惯的过程中，我也用到了这个方法。我每天都会对着镜子微笑10秒钟，目的是管理好自己的形象。脸上有数十块肌肉，如果不练习微笑，相应的肌肉就会变僵硬。成年人笑的次数比孩子少，所以笑也是需要练习的。另外，微笑不仅可以管理形象，还可以让身体分泌神经递质，心情也会跟着变好。

刚开始决定"每次照镜子的时候都要微笑"时，我总会忘记。上班期间，我有时会在卫生间照镜子时想起练习微笑的事，但是周围人的眼光又让我打起了退堂鼓。于是，我一边回想着自己原有的习惯，一边思索什么时候练习会好一些。每天早上我起床去卫生间的第一件事是刷牙，我决定就在这个时候对着镜子练习微笑。早上微笑还有提神醒脑的作用，所以再好不过了。一开始的时候，我也忘记过几次，但坚持到现在，已经达到早上一看到浴室里的镜子就会想起微笑的程度了。就这样，我在刷牙这个老习惯上又添了个新习惯——微笑。

我还把这个方法用到了其他习惯上。在原有的习惯——下班和洗澡上分别加了个新习惯。首先，下班后开始"万步行"。下班时如果达不到 1 万步，就在确认剩下的距离后，提前下车步行回家或在小区周围转一转，把没走完的步数走完。还有，回家时不坐电梯，而是爬 9 层楼梯。重复几次之后，就养成了习惯，所以每次打开公寓大门的时候，自然而然就产生了"要爬楼梯"的想法。回到家里就要洗澡，而洗澡前要先做俯卧撑和仰卧抬腿运动，因为比起更晚的时间，这个时候还有剩余的体力。洗完澡出来后，我会自觉测量体重。因为每天都在相近的时间测量，所以可以很容易记录体重变化。就像这样，在按时下班这个习惯上，添了"万步行"和爬 9 层楼梯的新习惯；在洗澡这个习惯前后分别加了俯卧撑、仰卧抬腿和测量体重这些新习惯。当然，我都是在一个习惯稳定下来之后，才继续培养下一个习惯的。

综上所述，**如果在每天的老习惯上添加新习惯，那么就能**

靠老习惯的带动作用，提高落实新习惯的可能性。但这里也有需要注意的地方。因为洗澡是每天都有的习惯，所以可以一直带新习惯。但是，周末休息不会上下班，所以就没有办法用下班带动新习惯。这种情况下，可以改用平日和周末都有的老习惯，所以我用"回家"代替了"下班"。

◆ 15 Buddy，和朋友一起做

习惯也是会传染的

有一天，孩子说："下午我要和朋友一起玩。"

我条件反射般地问："你要和谁玩？"

"在熙。"

"好吧，那你玩得开心点。"

在熙喜欢看书，之前来我家玩的时候，也是看了两个多小时的书才回去的。有一次，我带着在熙和自家孩子去图书馆，发现孩子和朋友一起去的时候，看书比平时更认真一些。在看完 3 个多小时的书后，他俩都表现出了一副心满意足的样子。所以只要孩子说和在熙一起玩，我就会安下心来。父母都希望孩子们能遇到良友，但首先应该让自己的孩子成为"良人"。

可能是因为我也经历过类似的事情，所以才会有这样的期待。高中时比起学习，我更喜欢运动，每天都不知道时间是怎么过去的，只知道兴致高昂地踢足球、打篮球。直到有一天晚上，一位朋友说："虽然运动也很有意思，但是我们都是高中生，应该一起好好学习考上大学，要是到那时还能继续见面，那该多好啊。"

现在回想起来，我依然觉得那是个了不起的想法。从那时起，我每天都会和朋友们去学校图书室学习3个小时。我们自觉制定规则并进行严格管理，不仅缺席和迟到要罚款，就连吵闹喧哗和打瞌睡也要罚款。起初学习时，我倍感吃力，好在有朋友的陪伴，让我有了依靠。朋友的帮助加上自己的不懈努力，使我的成绩突飞猛进，真的是托了这些好朋友的福。几十年后的今天，我们还是会一如既往地欢聚一堂，共叙友情。

医生兼社会学家尼古拉斯·克里斯塔基斯（Nicholas Christakis）和政治学家詹姆斯·福勒（James Fowler）对人与人之间的网络很感兴趣，他们通过分析社会网络，解释了肥胖的问题。从1971年开始，他们对12 067名成年人进行了历时32年的观察研究，结果显示肥胖是会"传染"的[①]。

如果你的朋友患有肥胖症，那么你患上肥胖症的可能性会比其他人高57%。而且，同性朋友带给你的影响会比异性朋友更大。这也许是因为不管是吃饭还是喝酒，比起异性朋友，你和同性朋友在一起的时候会更多。

　　克里斯塔基斯和福勒还分析了肥胖研究对象的吸烟情况。通过观察发现，吸烟人群和非吸烟人群形成了两个集群：吸烟者与吸烟者关系更密切一些，不吸烟者与不吸烟者则保持着更密切的关系。近30年来，虽然社会整体的吸烟率有所下降，但身处吸烟群体中的吸烟者并没有受到太大影响。也就是说，吸烟者在群体内还会持续吸烟。相反，不属于吸烟群体的、独自吸烟的人，其吸烟率却有所下降。不仅吸烟会"传染"，其实戒烟也会"传染"。如果朋友戒烟，那么自己的吸烟量会比以前少36%。即使是公司同事戒烟，自己的吸烟量也能减少34%。就像这样，朋友和同事间的影响是非常大的。不过，还有一个人的影响力可以远远超过朋友和同事，那就是配偶。如果配偶戒烟，那么你的吸烟量将会减少67%[12]。

　　两位学者还发现，幸福也是会"传染"的。他们通过分析社会网络发现，幸福的人会和幸福的人聚在一起，而且社会网络内的影响力传播遵循着"三度影响力原则"。

　　例如，如果我幸福，那么与我有直接联系的朋友（一度），其幸福概率就会提高15%；而朋友的朋友（二度）和朋友的朋友的朋友（三度）的幸福概率则会提高10%和6%[13]。这种影响力在三度以内可以形成强连接，可一旦超出三度，几乎就会消失殆尽，因此被称为"三度影响力原则"。该原则不仅适用于幸福，还适用于肥胖症、吸烟、戒烟等方面。

比起朋友的数量，质量才是最重要的。如果可以，最好住在幸福的朋友附近。如果幸福的朋友生活在离你1.6千米以内的地方，那么你自己幸福的概率就会增加25%；如果这个距离超过1.6千米，你自己幸福的概率就仅能增加15%。

想要走得远，就要有个伴

英国伦敦大学学院（UCL）的研究小组发表了一项有趣的研究结果：如果夫妻俩共同为健康努力，那么成功的可能性就会更高[14]。

研究小组调查了长期参与老化研究的3722对50岁以上的夫妇，结果表明，如果夫妻俩一起培养减肥、运动、戒烟等健康习惯，就可以提高成功的概率。

如果夫妻俩一起减肥，成功率比独自减肥的人高出两倍以上。在挑战"减重5%"的人中，夫妻俩一起参与挑战的成功率为丈夫26%，妻子36%。相反，独自挑战的人成功率为丈夫9%，妻子15%。同理，如果夫妻一起运动，坚持下去的概率也会高出两倍以上。夫妻俩一起运动的持续率为丈夫67%，妻子66%。相反，独自运动的持续率是丈夫26%，妻子24%。戒烟的结果也差不多。当丈夫试图戒烟时，如果吸烟的妻子也能一起戒烟，成功率就能达到 48%。相反，如果妻子不戒烟，那么丈夫的戒烟成功率就只有 8%。

由此可见，习惯是会"传染"的。经验证，在培养减肥、运动、自我开发、戒烟等诸多习惯的过程中，有陪同者能达到更好的效果。那么都有哪些具体方法呢？

第一，与亲近的人一起做。

和家人、朋友、同事等亲近的人一起做，保持习惯的可能性会更大，大家可以一起养成好习惯，改掉坏习惯。如果多人组队参与减重项目，减重效果会比独自参与高出 33%。

多年前，我曾在单位实施减肥计划。我发现，在组成减肥小组后，参与计划的组员们会一起吃饭、运动。大家同进同出、互相鼓励的样子，真的很棒。如果能和家人、朋友、同事中意气相投的人一起培养习惯，那是再好不过的了。

第二，在网上一起实践。

这是可以在忙碌或不方便见面时采用的方法。就像我平时徒步运动的时候，会利用智能手机中的应用程序记录步数，应用程序会把我的记录与朋友或全体用户的进行比较。通过比较，我可以客观地掌握自己在步数排行榜上的位置。看到努力走路的朋友，我会受到激励；而来自同事的关心，也会让自己更加努力。

不仅是应用程序，利用熟悉的社交媒体或在线社区也是很有效的方法。在门户网站上搜索"减肥"或"运动"，就能搜到上万个社区。挑一个自己喜欢的加进去，不仅可以获取各种信息，还可以通过线上线下聚会，一起培养习惯。

我从很多年前就开始做培养习惯方面的讲座，每次讲完都会建一个网络社区，邀请大家一起参与实践。大家每天都会上传自己的实践结果，还会鼓励其他人，取得了很好的效果。其中有一位实践了两个多月拉伸运动的老师上传了这样一句话："感谢一直以来一起发帖鼓励我的 ×× 老师。正是因为看到您的文章，我才能一直坚持到最后。"

第三，发表公开声明。

尽管进行实践的是一个人，但如果公开发表声明，周围人会询问你进展是否顺利，就可以获得与人一起实践的效果。几年前，我在开始写这本书时也发表过公开声明。就在我写书遇到瓶颈时，朋友的一句"书写得还顺利吗"给了我很大的力量。如果我没有发表公开声明，这一切也都不可能实现。

公开声明之所以有效，是因为人们都在意他人的眼光，谁也不愿意接受别人的负面评价。就算只是为了得到好评，人们也会努力兑现公开发表过的承诺。

与此同时，发表公开声明，有助于将压力转换成动力。当自己的想法和行为不能协调一致时，人会从心理上感到不适，这就叫"认知失调"。比如，我在宣布写书之后却迟迟不动笔，心里就会很不舒服，为了减轻这种心理上的压力，就会努力把书写下去。

有些候鸟之所以能做到每年迁徙 1 万千米以上，是因为它们彼此之间的陪伴与鼓励。人也一样，互相鼓励，就会产生力量。培养习惯是一段漫长的旅程，想要走得远，就要有个伴。

◆ 16 Incentive，奖励自己

习惯也需要鼓励

《纽约时报》记者查尔斯·杜希格（Charles Duhigg）在其著作《习惯的力量》中，把培养习惯的过程分为信号、重复行为和奖励 3 个阶段。下面我就以每天"对着镜子微笑"的习惯为例进行说明。

早上为了刷牙站在浴室的镜子前，这就是信号。然后对着镜子自然地微笑，这是简单的重复行为。微笑时，大脑会分泌神经递质，让人心情变好。这就是通过重复行为获得的奖励。信号、重复行为、奖励就这样联系在一起，帮助人们养成习惯。

奖励在习惯养成过程中起着非常重要的作用，尤其是在习

惯形成的初期。如果能有效利用奖励，就能轻轻松松培养好习惯。

奖励是人们在做出某种行为时获得的积极的、有诱惑性的回馈，在日常生活中非常常见。学生们听老师的话就会受到表扬，努力学习就能得到较好的成绩；上班族用工作换取工资，取得优秀成果就可以拿到奖金。以上这些奖励都是别人给的，所以很难适用于习惯。即使我们养成新的习惯，别人也不会给予我们奖励。那么有什么好方法吗？

就让我来推荐一下奖励自己的好方法吧。我在开始步行运动时，就是通过奖励自己的方式取得了很好的效果。反复走熟悉的路，让我感到有点无聊，我想走得开心一些，于是决定到达目的地后送自己一瓶饮料。到达目的地后，我开始挑选想喝的饮料。碳酸饮料与果汁的热量和糖分都很高，我费了好大力气才消耗掉的热量，怎么能一下子喝回去呢？最终，我选了普通水和苏打水——水不会给人带来任何负担，而苏打水可以给人喝碳酸饮料一样的感觉。我偶尔也会喝鲜榨果汁，不过要去掉糖浆后再喝。饮料这个小礼物，可以在我走不下去的时候，为我加一把劲，让我为得到它而继续走下去。

另外，像玩游戏一样培养习惯也很有意思。我们觉得游戏有趣，原因之一就是能即时获得奖励，完成任务后可以提升等级或得到奖励。在培养新习惯的时候，我们也可以像玩游戏一样，分阶段给予自己适当的奖励，有助于给自己带来更大的动力。

以徒步运动为例，如果完成 1 天，就送自己饮料；如果持续完成了 1 个月，就送自己运动鞋。以减重 5 千克为目标时，如果减重 3 千克，就送自己喜欢的水果；如果减重 5 千克，就送自己漂亮的衣服。在达成目标后给予自己奖励，有助于我们专注于目标以及抵抗诱惑[⑮]。

奖励并没有什么标准，在尝试后，找到最适合自己的奖励方式即可。奖励时，要注意以下几个方面：

第一，要与培养习惯的目的一致。如果因为成功减肥 1 天，就送自己夜宵，那减肥就成了无用功，所以应该找个有助于减肥的奖励项目。

第二，即时奖励。与年末颁发的大型奖励相比，每天都发的小奖励更有效果。

第三，大大方方地奖励。可以对自己进行严格管理，但是在奖励时要大方一些。为了鼓励自己养成好习惯，没有必要太过吝啬。

到目前为止，我们说的都是物质上的奖励。物质奖励虽然有效，却有两个局限性：一是资源有限，二是适应后很难再满足。就像买来最新型的智能手机，刚开始会觉得很满足，但是过一段时间适应之后，就很难再有满足感了。其实，最好的奖励在我们的心里。

奖励在我心里

炎热的夏天，工地上有 3 名瓦匠在干活，一个路人依次问他们："你现在在做什么？"

第一名瓦匠回答："你看不出来吗？我们不是在砌砖嘛。"

第二名瓦匠回答："我在赚钱，只有这样才能活下去。"

最后一名瓦匠说道："我现在在建一座美丽的教堂。"

三人虽然做了同样的事情，但心态却大不相同。

美国耶鲁大学的心理学家们围绕工作态度对工作成果的影响问题进行了分析研究，并根据工作态度将人分成 3 种类型：劳动型、经历型和使命型。劳动型只把工作当成赚钱的手段；经历型在工作时会把成功视作自己的目标；使命型则是赋予工作以特殊的意义，并在工作过程中感受到价值。最后那位瓦匠就属于使命型，比起外在奖励，他更注重内在奖励。研究结果表明，使命型与其他类型相比，会取得更高的成就[16]。

还有一个与之相似的概念叫"工作重塑"（job crafting），就像制作工艺品一样，对自己的工作进行重构，使其变得更有意义。美国国家航空航天局（NASA）和迪士尼乐园都把这一概念与自己的企业文化联系起来。当记者问美国国家航空航天局的保安人员"你做什么工作"时，保安人员会回答："我的工作是为那些实现奔月梦想的人保驾护航。"迪士尼乐园的清洁工将自己的工作定义为"打造游行演出需要的舞台"。他们通过赋予日常工作以积极的意义，使自己的工作更有价值。

驱策人的动因可以分为外在动因和内在动因，**外在动因来自外部的称赞、认可、物质奖励等，内在动因则是发自内心的兴趣、价值认同、满足感、挑战欲等**。前面提到的使命型和工作重塑都受内在动因影响。

在培养习惯方面，内在动因也会发挥重要作用。

在一次实验中，心理学家马克·穆拉文（Mark Muraven）要求参与者用手握住握力器尽可能坚持更长时间，这项任务旨在消耗参与者的体力和意志力。完成握力器任务后，研究者给参与者送上美味饼干，同时告诉参与者自己会出去 5 分钟，希望他们尽量不要吃饼干。

5 分钟后研究者确认结果，82 人中有 79 人没有吃饼干。研究者向参与者们询问了抵御诱惑的原因，有些人是"想从实验者那里得到认可"的外在动因，有些人则是"挑战让我感到很开心"的内在动因。

之后再次完成握力器任务，却出现了非常有趣的结果：具有内在动因的参与者比具有外在动因的参与者坚持的时间更长。可见，与外在动因相比，内在动因对意志力的消耗会更少一些。这种现象也同样出现在减肥、戒烟、戒酒等相关研究中[17]。所以说，**内在动因才是最高的奖赏**。

想想为什么要做

　　企业管理革新者西蒙·西涅克（Simon Sinek）在研究战胜困难、获得成就的领袖人物和团体时发现了一种思维模式，他将其称为"黄金圈"（golden circle），并对这一概念进行了说明。他的 TED 演讲视频获得了 3000 万以上的点击率。黄金圈由 3 个圆环组成：最里面的圆环是"为什么"（why），这是思考我为什么做这件事、这件事对我有什么意义的过程；另外两个圆环分别是"如何"（how）和"什么"（what）。在黄金圈法则中，比起"什么"和"如何"，"为什么"更重要。

西蒙·西涅克的黄金圈

为什么
（why）

如何
（how）

什么
（what）

其实只要做好"什么"和"如何"，就足以养成一个新习惯了，又何必非要想"为什么"呢？

培养习惯的过程更像是跑马拉松，而不是跑 100 米。每当中途感到疲惫的时候，可以问问自己"我为什么要养成这个习惯呢"，这样的提问能让你发起的新习惯挑战更有意义。

我在写博士论文时见过韩国糖尿病名医金光元教授，当时他虽然已经 65 岁，但每周日都会打 3 个多小时的网球。

我感叹道："教授，您为了健康，还能这么坚持不懈地运动啊！"

他的回答完全出乎我的意料，不禁让我连连惊叹："我这是为了患者储备体力。每周日下午开始，我就要为周一的诊疗做准备，如果感觉体力变弱，就要做一做运动了。"他的话让我感到震惊，我只是单纯以为运动是为了自己的健康，教授却比我的层次高出许多。

回家的时候我问自己："为什么我要养成这个习惯呢？"这让我突然想起了连续自问 5 个"为什么"的 5why 分析法。5why 分析法主要用于掌握问题的原因，也是寻找行为目的的有效方法，我把它应用到了"万步行"上。

1 why	我为什么要走1万步？ ⇨ 为了健康
2 why	为什么要保持健康？ ⇨ 为了好好工作
3 why	为什么要好好工作？ ⇨ 只有好好工作，才能更好地成长
4 why	为什么要更好地成长？ ⇨ 更好地成长，才能让所有人都能变得幸福
5 why	为什么所有人都能变得幸福？ ⇨ 不仅有所成长的人会幸福，从这些人处获得更好服务的其他人以及社会也会幸福，帮助别人成长的我也同样会幸福

问完5个问题，"万步行"也看似不同以往了。在那之后，每当我懒得走路的时候，就会想起曾经问过自己的那些"为什么"，重新坚定决心。在培养写作习惯的时候，我也问过自己很多问题，原来的目标只是"出版书籍"，后来的目标就变成"用有益的书帮助读者"了。

在习惯养成上加"为什么"，就能自然而然地给习惯赋予动机。通过自问发现的意义和价值，是无法用金钱买到的珍贵的奖赏。想想自己为什么要做，就能获得以前没有想到的奖赏。

让我们都来问问自己：我们为什么要读这本书，为什么要养成好习惯？

◆ 17 Today，从今天开始

机会之门只开一时

有种"习惯中断假说"称，在现有习惯中断时，养成新习惯的"机会之门"就会打开。搬家、就业、换工作，这些重大变化会成为中断现有习惯的契机。该假说认为，在变化时期，任何人都对新的想法或信息持开放态度，因此各方面发生变化的可能性就更大。

英国心理学家维普兰肯（Verplanken）和罗伊（Roy）为了验证习惯中断假说而展开了相关研究[18]，他们招募了英国彼得堡地区的 800 名成年人，其中 400 人是 6 个月内搬来的，其余 400 人则一直生活于此。

参与者需要在 8 周内养成新的习惯，包括为了节约用水，在 10 分钟内洗完澡；为了减少垃圾，重复使用购物袋；为了减少大气污染，近距离出行时采用步行或骑自行车等出行方式……这些都是非常环保的习惯。在实践了 8 周之后，结果显示近期搬过家的人，能经常有新的习惯，特别是 3 个月内搬过家的人的变化更引人注目。改变习惯的机会之门只会打开一小会儿，大概也就是 3 个月左右。

美国得克萨斯州的一所大学曾对插班生的习惯变化进行研究[19]。插班生都是从其他大学转过来的，所以正在适应与之前不同的环境。研究小组分析了插班生在运动、看电视、阅读报纸等习惯方面都发生了什么变化，结果发现，环境变化改变了插班生的习惯。在以前的大学努力运动的学生们，随着环境的变化，运动次数明显减少，这可能是因为陌生的环境无法刺激他们运动的欲望，或者是新校区的环境并不适合他们运动。总之，他们的运动次数明显减少了。相反，也有一些学生的运动次数比以前增加了。可见，环境的变化的确会带来习惯的改变。

积极利用机会

机会之门通常会在生活经历巨大变化的时期开启，包括搬家、入学和毕业、就业和换工作、怀孕和生育、长期出差等。

让我们回想一下自己搬家时的经历吧。刚开始住新家，从早上起来就感觉不适应，甚至怀疑这里到底是不是自己的家。在变化时期，人们不会再接收到那些可以引发原有习惯的信号，导致习惯性行为减少。另一方面，当原有的习惯发生动摇时，培养新习惯的机会之门就打开了。变化既是危机也是机会。

由于新冠肺炎疫情形势比预想的更严重，很多人正在经历困难。新冠肺炎疫情对我们的生活方式产生了很大的影响，改变了我们原有的习惯。那些下了很大决心才开始培养的习惯或培养得很好的习惯，可能都被中断了。虽然新冠肺炎疫情是需要尽快克服的危机，但越是这样的时候，我们越要下定决心重塑自己，把握住培养好习惯的机会。

这种由变化带来的机会，我也向新入职的职员介绍过。新职员通常会同时经历各种各样的变化。大学毕业后就职，还可能经常搬家，其中的任何一种变化都令人很难适应，更何况同时应付多种改变，这段时期算得上是新职员人生中最大的动荡期了。尽管这段时期非常艰难，但也是培养新习惯的绝好时机。

我曾面向新入职职员做过 ONE HABIT 的讲座，让感兴趣的人尝试培养新的习惯。讲座效果远远超出了我的预期，他们开始培养之前从没有过的习惯。有数十名新职员给自己制订了养成一个新习惯的目标并认真地实践起来，具体习惯包括写感恩日记、每天读书 10 分钟、做拉伸运动、做仰卧起坐、记家庭账簿、自我反省等。

如果能掌握变化时期，就可以提前做一些准备。假设下个月要搬家，想在搬家时少吃即食食品，可以采用以下方法。

第一种是搬家时扔掉即食食品。这是最可靠的方法。所谓"见物起意"，只要看到，就会难以抵挡它的诱惑。如果切断信号，习惯就会变弱，所以如果不想吃，最好连看都不要看[20]。如果扔不掉，还有第二个办法：把即食食品藏起来。具体方法是，把东西藏到看不见的地方或很难取出来的地方，从而减少诱惑。仅仅改变物品的摆放位置这种小小的举措，也有助于改变习惯。

"现在"就是最佳时机

即便没有特殊的改变契机，也没有什么可遗憾的，机会可以自己创造。仔细想想，象征全新开始的 1 月 1 日，其实也不过是 12 月 31 日后的一天而已。本就是与其他日子一样普通的一天，只不过被赋予了新年的意义，就被看作特别的日子。如果给习惯也定一个特殊的起始日，那会怎么样呢？其实，最好的方法就是从今天马上开始。

"夜宵就吃到今天为止，从明天开始真的要减肥了。"

这句话中最重要的词是"今天"。比起减肥的决心，吃夜宵的意志表现得更强烈。其他的习惯也是一样的，例如，"明天开始要戒烟了，所以今天再抽最后一根。"明天的计划只不过是为今天吃夜宵和吸烟准备的借口，如果真想养成新的习惯，就应该马上开始。

每当我想培养新的习惯时，就会和自己签个合约。倒不是在合同上签字，而是与自己签订心理合约。首先，在应用程序上录入新的习惯，与此同时向自己保证，这个习惯就从今天开始。另外，用小纪念品坚定自己的决心，也不失为一个好办法。

在培养写作习惯的时候，我买了一本漂亮的笔记本。在开始步行运动的时候，我买了一双运动鞋。通过录入应用程序或准备纪念品，我将平凡的今天打造成"开始新习惯的特殊日子"。只要能赋予今天以特殊的意义，任何方法都是可以的。

有时，你会因为跟某人吵架而怒火中烧，可一觉醒来后又会怒气全消，因为经过一夜，内心得到了放松。习惯也是如此。过了一天，热情就会消退。所以，要想提高习惯的实践概率，就要从充满热情的今天开始。铁要趁热打才行。

ONE HABIT 八大核心策略

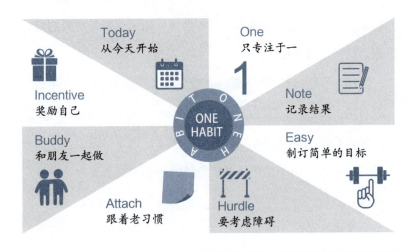

引文来源及参考资料

① 出自 A. A. C. Verhoeven, M. A. Adriaanse & D. T. D. De Ridder, "Less is more — The effect of multiple implementation intentions targeting unhealthy snacking habits"

② 出自 C. R. Pacanowski & D. A. Levitsky, "Frequent self-weighing to visual feedback for weight loss in overweight adults"

③ 出自 R. R. Wing, D. F. Tate, A. A. Gorin, H. A. Raynor & J. L. Fava, "'STOP Regain' — Are there negative effects of daily weighing?"

④ 出自 S. Michie, C. Abraham, C. Whittington & J. McAteer, "Effective techniques in healthy eating and physical activity interventions — A meta-regression"

⑤ 出自 J. F. Hollis 等, "Weight loss during the intensive intervention phase of the weight-loss maintenance trial"; 李英淑,《肥胖度及其对生活习惯的影响》

⑥ 出自 G. Oettingen, "Future thought and behaviour change"

⑦ 出自 K. B. Johannessen, G. Oettingen & D. Mayer, "Mental contrasting of a dieting wish improves self-reported health behaviour"

⑧ 出自 P. M. Gollwitzer & P. Sheeran, "Implementation intentions and goal achievement — A meta-analysis of effects and processes"; G. I. Schweiger, A. Keil, K. C. McCulloch, B. Rockstroh & P. M. Gollwitzer, "Strategic automation of emotion control"

⑨ 出自 G. Stadler, G. Oettingen & P. M. Gollwitzer, "Physical activity in women — Effects of a self-reaulation intervention"

⑩　出自 G. Stadler, G. Oettingen & P. M. Gollwitzer, "Intervention effects of information and self-regulation on eating fruits and vegetables over two years"

⑪　出自 N. A. Christakis & J. H. Fowler, "The spread of obesity in a large social network over 32 years"

⑫　出自 N. A. Christakis & J. H. Fowler, "The collective dynamics of smoking in a large social network"

⑬　出自 N. A. Christakis & J. H. Fowler,《幸福会传染》

⑭　出自 S. E. Jackson, A. S. Steptoe & J. Wardle, "The influence of partners behavior on health behavior change — The english longitudinal study of ageing"

⑮　出自 A. Fishbach & B. A. Converse, "Identifying and battling temptation"

⑯　出自 A. Wrzesniewski, C. McCauley, R. Rozin & B. Schwarts, "Jobs, careers, and calling — Peoples relations to their work"

⑰　出自 M. Muraven, "Autonomous self-control is less depleting"

⑱　出自 B. Verplanken & D. Roy, "Empowering interventions to promote sustainable lifestyles — Testing the habit discontinuity hypothesis in a field experiment"

⑲　出自 W. Wood, M. G. Witt & L. Tam, "Changing circumstances, disrupting habits"

⑳ 出自 A. J. Rothman, P. M. Gollwitzer, A. M. Grant, D. T. Neal, P. Sheeran & W. Wood, "Hale and hearty policies — How psychological science can create and maintain healthy habits"

第三部分

定制策略

轻松培养习惯的独门秘诀

活化能（activation energy）是指"触发反应所需的最低能量"。当把衣橱里的吉他移到床边时，就减少了拿吉他所需的活化能。弹吉他的门槛降低了，弹吉他也就变得比以前容易了。

活化能是变化的门槛，将变化的门槛应用于习惯的方法很简单。对于想养成的习惯，要降低门槛；而对于想改掉的习惯，则要提高门槛。

◆ 18 调整变化门槛

降低或提高变化的门槛

小时候，我一放假就会去奶奶家开心地玩耍，但由于奶奶家是韩屋，门槛很高，习惯低门槛的我，经常会因此摔倒。

门槛一词也包含"进入某范围的标准或条件"的含义，在成功开始做某件事情时，会说"越过了门槛"。门槛高，自然难以接近，想养成某种习惯，最好能降低其门槛。

心理学家肖恩·埃科尔（Shawn Achor）在《幸福的特权》（即简体中文版的《发现你的积极优势》）中介绍了一个有趣的故事①。

肖恩决定养成弹吉他的习惯，但在开始后的第四天便选择了放弃，看来就连心理学家也没能避免做事三分钟热度。他必须承认自己并非有恒心的人，为此倍感心痛。

肖恩仔细思考了失败的原因，他发现把吉他放进衣橱，再从衣橱拿出吉他做准备，大概需要 20 秒的时间。此时，他的脑海中闪过一个念头：

"如果减少 20 秒的时间，弹吉他的次数会不会增加呢？"

于是他把吉他放到触手可及的床边。这一简单的动作带来了惊人的结果：曾经仅仅 4 天就放弃学吉他的他，竟连续 3 周每天都在弹吉他。

肖恩·埃科尔用活化能解释了这一现象。活化能是一个科学术语，是指"触发反应所需的最低能量"。当把衣橱里的吉他移到床边时，就减少了拿吉他所需的活化能。换句话说，弹吉他的门槛降低了，弹吉他也就变得比以前容易了。

调整变化的门槛，就能够得到想要的结果

活化能是变化的门槛。如图所示，调整了门槛的高度，就可以提高成功率。将变化的门槛应用于习惯的方法很简单。对于想养成的习惯，要降低门槛；而对于想改掉的习惯，则要提高门槛。

降低培养好习惯的门槛

我认识的一位老板是个书迷，他的秘诀是把想读的书放到触手可及的地方。他会把书放在办公桌和会议桌上，就连回到家里，也是在床边放一本，客厅放一本，甚至卫生间也会放一本。只要他一伸手，随时随地都可以拿到书，从而减少了活化能。

我希望每天都写感恩日记，感恩日记能够激发正能量。但明知是好事，实践起来却很难，我在日记本上写了几次便放弃了。

后来，我把了解到的活化能概念应用到了写感恩日记中。从调整门槛的观点来看，我的方法存在问题。

因为我平时不会随身携带日记本，因此不能及时把脑海中闪现的值得感激的事情记录下来。到了晚上，我想写下来，却又想不起来了。这种情况时有发生。虽然我也想过随身带着日记本，但实在太麻烦。

深思熟虑后，我决定利用经常携带的手机，挑选并安装了日记本应用程序。把日记本换成了智能手机，这大幅降低了我写日记的门槛。为了降低门槛，我还经过一番思考，将应用程序置于拿起手机拇指便可触及的位置。因为只有将其置于最易触碰的位置，才容易养成习惯。

记住，不能将应用程序放入文件夹中，这样养成习惯的机会将会消失。如果要养成习惯，就必须将应用程序放到手机的主屏幕上。

降低门槛的小举动带来了惊人的结果。从小学开始就没写过日记的我，竟坚持写感恩日记6年从未中断。虽然也有人夸我很有毅力，但如果我真的拥有足够的毅力，那我应该把感恩日记写在日记本上，而不是应用程序里。我的成功秘诀并不在于毅力，而是降低了门槛。

从小的成功中获得信心的我，将降低门槛的方法应用到了工作中。我在教育部门工作，公司拥有很多书籍。为促使员工多读书，部门针对员工开展了自主借阅活动。令人遗憾的是，历经数月，运营业绩仍持续低迷。

我从调整门槛的角度重新审视了这一情况。我们的部门位于宽敞的办公室里侧，员工们走进来拿走图书的行为效率并不高。经观察，员工们经常会路过办公室的门口，于是我们把书架搬到了办公室的门口，图书借阅量随即增长了10倍以上。可见，图书借阅量不高的原因并不在员工身上，而在于过高的门槛。

移动一个书架，图书借阅量增长 10 倍！

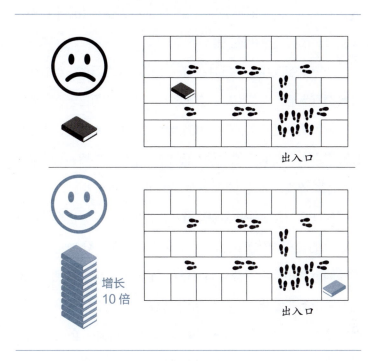

提高改掉坏习惯的门槛

电影《一个购物狂的自白》中，相对于帅哥，主角丽贝卡更喜欢购物，用购物消除压力的她陷入了财务危机。为抑制购物冲动，她想出了一个好办法，就是把信用卡冷冻进巨大的冰块里。一天，突然想去购物的她，为了拿出信用卡，试图用吹风机融化冰块。

由于是电影，所以存在夸张的成分，但从理论上讲，该内容是有说服力的，丽贝卡冰冻信用卡的行为提高了刷卡门槛。我也曾试图提高变化的门槛。

我曾试图改掉上下班时经常玩手机游戏的习惯。虽然玩的时候很有意思，但结束后就会感到很空虚，认为自己在浪费时间。我虽然试过几次，但戒掉游戏的难度比想象的大，于是我提高了进入游戏的门槛。方法很简单：玩完游戏后，从智能手机中删除游戏，下次再想玩，就必须重新下载游戏。

经过几天反复安装和删除游戏，我倍感麻烦，也有过在安装游戏的过程中放弃的情况。安装游戏需要 1 分钟左右，在安装的过程中，我不禁会问自己："至于为了玩个游戏这么做吗？"于是在安装的过程中会产生放弃的念头。这就是提高门槛的结果，玩游戏的次数逐渐减少，自然而然地就会戒掉。

提高想改掉的习惯的门槛，自然就筑起了一道高墙。当你想做或想停止做某件事情的时候，调整变化的门槛可以成为有效的工具。你希望将这一工具运用到哪里？如何运用呢？

◆ 19 不去想白熊

人都有逆反心理

朋友诉苦说无法和青春期的孩子沟通，明天就要考试了，孩子却一整天都在玩手机游戏。朋友劝孩子不要再玩游戏了，可孩子却答道："我正打算不玩游戏了，可爸爸你越不让我玩，我就越想玩了。"

我也感同身受，我同样也很难和孩子沟通。首先，沟通要懂得换位思考。想想看，我青春期的时候也有过类似的经历——如果不让我看电视，我会更想看。

越不让做就越想做，这就是孩子的心理。对于成年人来说也是一样的，人都有逆反心理。下定决心不吃夜宵，就会突然特别想吃夜宵。一想学习，就更想玩游戏。

心理学家杰克·布雷姆（Jack Brehm）认为，这种情况可以用"逆反心理"理论来说明。每个人在潜意识中都会认为自己无拘无束，当自己的自由受到威胁时，就想反抗，这就是逆反心理。

莎士比亚的戏剧《罗密欧与朱丽叶》便是一个极端案例。罗密欧与朱丽叶的家族之间有世仇，两人的爱情遭到了双方家庭的强烈反对，然而他们全然不顾家人的反对。逆反心理越强烈，他们之间的爱情就变得越炙热。

习惯上也有类似的现象。一旦下定决心不吃夜宵了，就会在心中一个角落冒出吃夜宵的自由被威胁的念头，再加上负面情绪，就会产生抵触心理。一种习惯的养成，即使心理上欣然接受，也并不能保证一定会有好的结果，更何况内心产生了抵触情绪，结果就更难说了。

我们来做一个小实验：最好从现在开始1分钟内不去想白熊，绝对不要去想白熊。现在让我们开始吧。（1分钟后）你有没有去想白熊？恐怕想起过白熊吧。"不要去想白熊"作为典型的抑制想法的手段，被广泛应用于诸多研究中。

心理学家丹尼尔·韦格纳（Daniel Wegner）的研究小组运用该方法对如何抑制想法进行了研究。研究小组将参与者分成两组，让他们自由思考5分钟，但要求A组在5分钟内不去想白熊。一旦想起白熊，就要敲响摆在面前的钟。参与者越是努力让自己不去想白熊，越会想起白熊，于是钟声不绝于耳。相反，研究小组允许 B 组参与者去想白熊，结果想起白熊的人数少于 A 组[②]。越刻意不去想什么，被压抑的想法就越容易在你的潜意识中浮现。这种越抑制越想起的逆反心理，同样出现在另一项研究中。

某大学的两间男士卫生间被分别贴上两种禁止涂鸦的标语，然后对比两间卫生间被涂鸦的程度。其中一间贴着"严禁涂鸦"这样较生硬的标语，并署名"大学保安部部长"，以示权威。另一间则贴着"请不要涂鸦"这样较柔和的标语，并署名"大学自治委员"，以示亲切。那么哪个卫生间的涂鸦会更多呢？不出所料，张贴"严禁涂鸦"标语的卫生间，涂鸦程度更严重[③]。

逆反心理如同弹簧，压力越大，反弹得越厉害。这件事情告诉我们，语气越生硬，心理反抗越强烈。

计划"要做的"，而不是"不要做的"

越不让做越想做，这种心理很普遍地存在，青春期更是如此。韩国现代舞蹈家洪信子在《我也想给你自由》一书中表达了对青春期女儿的想法。

当女儿表示想文身时，作者没有跟女儿争吵，而是抱着试试看的态度，和女儿一起文了身。几天后，女儿后悔"当时不该文身"，埋怨道"为什么没拦着我"。作者知道即使拦着，女儿还是会因为逆反心理而坚持文身。所以作者不但没有阻拦，还跟着女儿一起文了身。女儿这才意识到自己的错误。

很多心理学家在英国《每日邮报》中都介绍过有关计划与实践的研究结果④，其中心理学家金·斯蒂芬森（Kim Stephenson）表示，计划"要做的"比计划"不要做的"更有成效。举个例子，与其计划"不要吃太多"，不如计划"吃一些有益于健康的食物"。"不要吃太多"这种计划就像白熊实验，会突然激发人对食物的欲望。人一想到食物就会难以抵挡诱惑，大概率会导致暴饮暴食，所以没必要自讨苦吃。

习惯犹如流淌的长河，让河水瞬间停下来很难，明智的做法是把河水引向另一个方向，而不是瞬间截流。改掉旧习惯同样如此，与其突然阻止持续已久的负能量，不如将其转化为正能量，对养成新习惯也更加有效。

我将该原理应用到了戒除手机游戏瘾上，并结合前面提到的删除游戏的方法，双管齐下。起初，我设定的目标是"不再玩手机游戏"，结果越想着不玩，就越迫切地想玩。显然，这种较量必然以失败告终，最终只会消耗意志力，浪费时间。

于是我改变了目标，将"不再玩手机游戏"改成"用手机看视频或读书"。有趣且有益的视频有很多，所以很容易找到。由于视频的时长较短，我可以利用上下班时间或业余时间抽空观看。而且视频的内容十分有趣，可以让人想不起玩游戏。视频里还有很多有益的信息，对自我提升也有所助益。我还可以把在游戏中浪费的时间用于读书，心情也会变好。当然，读书的时候最好把手机调成静音，以免受到干扰。

有一次，一个后辈因支出增加而忧心忡忡地向我求助，他告诉我自己会在生活中设定"零花钱的上限"，可每次都以失败告终。我根据自己的经验，告诉他应该强调"要做的"，而不是"不要做的"。经过一番思考后，我建议他将计划改为"明确支出"或"记录支出明细"。因为如果确认或记录支出，就会对支出产生警觉性，从而减少不必要的花销。

过了两个月左右，我再次遇到后辈，他对我说："自从上次与您通话，我开始关注自己的支出。虽然还没有达成目标，但是支出的确比以前减少了很多。谢谢。"后辈偶尔也会使用信用卡程序确认支出。好的开始就是成功的一半，可以说他已经成功了一半。

◆ 20 打开心扉的钥匙

积极情绪是打开心扉的钥匙

"我的身体里有两只狼在打架。"印第安切诺基部落酋长正在教他的小孙子,"其中一只狼很邪恶,那是愤怒、嫉妒、悲伤、悔恨、贪婪、傲慢、谎言、自满。另一只狼很善良,正是爱情、快乐、平和、亲切、谦虚、共鸣、真实、信任、忍耐。你的身体里也会有两只狼在打架。"

孙子思考片刻后向爷爷问道:"两只狼中哪只会赢呢?"

爷爷笑着答道:"你投喂最多的那只狼会赢。"⑤

我们使用的语言中有很多表达情感的词语,如愤怒、悲伤、爱情、快乐等。就像多给哪只狼投喂食物,哪只狼就会获胜一样,只有习惯性反复的情感才会获胜。通过这个故事,我反思，在某段时间，我投喂食物最多的是哪只狼？

韩国精神健康医学专家朴勇哲在《情绪是一种习惯》一书中介绍过自己的经历，那是他为病人提供咨询时遇到的意想不到的情况。因为不安和抑郁来医院的人们，虽然通过咨询消除了担忧，但还是会感到心里不舒服，他们似乎习惯焦虑和抑郁。朴医生对情感是这样解释的：

"大脑并不会更喜欢愉快而幸福的情感。无论是愉快，还是不愉快，大脑只偏爱最熟悉的情感。即使是令人不安或不愉快的情感，对于大脑来说，只要是熟悉的，就是可靠的[6]。"

如同被投喂食物多的狼会获胜一样，熟悉的情感对我们来说更不费力。

情感会影响习惯。比如，我们都知道运动有益健康，但行动起来却很难。运动固然很好，但出去运动却很麻烦。当我们想养成一个新的运动习惯时，主观上就会不愿意行动。这时，消极的情绪就如同一把锁，锁住了我们想运动的心。我对一个吸烟的朋友说："为了健康，现在戒烟怎么样？"虽然我是出于好意，但朋友并不愿意听。朋友在家听家人唠叨，在外还要听朋友唠叨，当然不会爱听。即使是好话，如果对方不能敞开心扉，也无法转化为行动。

相反的例子是，我刚开始散步的时候心情很好，晚上迎着凉爽的风漫步的感觉，丝毫不亚于冲凉带来的快感。第二天，为了体验那种快感，我再次迈开了步伐。这时，运动带来了积极的情绪，这种情绪犹如打开心扉的钥匙，敞开心扉的人会欣然接受新的习惯。如果运动本身有趣，或者你愿意为了某项运动而结识他人，那么运动大概率会变成你的一种习惯。

情绪并非都是积极的，也有消极的，是一把双刃剑。积极的情绪是打开心扉的钥匙，而消极的情绪则是促使心门紧闭的一把锁。如果你擅于处理情绪，就能成功地管理习惯。但是想很好地驾驭情绪，就要懂得情绪产生的原理。

情绪控制专家詹姆斯·格罗斯（James Gross）认为，情绪形成需经过 4 个阶段，即情境、关注、评判和反应[⑦]。

第一，情境。我们生活在各种情境中，有时处于轻松的状态，有时处于紧张的状态。

第二，关注。当我们遇到某种状况时，要么关注，要么忽视。如果选择关注，接着会进行评判。

第三，评判。这是一个判断目前状况是否紧急的过程。判断结束后，会进入最后一个阶段，即反应。

第四，反应。如果截至目前你已经对关注的情境进行了评判，那么现在开始要利用表情和行动来做出反应。你可以使用微笑或皱眉的表情，也可以使用挥手或双臂抱胸的动作来表达情绪。

看似瞬间产生的情绪，其实需要经过一系列过程。因此，如果知道情绪形成的过程，就能有效地调节情绪。

值得注意的是，调节情绪也需要意志力。例如，人在经过一番情感斗争之后，会感到精疲力竭。研究结果显示，如果意志力消耗殆尽，前额叶的情绪调节作用就会减弱，使得调节情绪的难度加大[⑨]。有效调节情绪的做法是先提高意志力，再实施情绪调节策略。

调节情绪

我至今难以忘记我讲的第一堂课，是针对新职员进行的交流讲座。虽然我为此做足了准备，但还是非常紧张。"我能做好吗？要是讲座被我搞砸了可怎么办？"不安的情绪涌上心头。这就是演讲恐惧症。我的心扑通扑通直跳，仿佛自己光着身子站在宽敞的操场上一样，我难以控制情绪，甚至声音都有些发颤。开讲后，虽然我慢慢找回了平静，但还是留下了遗憾。

接下来，我要给大家介绍情绪调节策略。如果我当时知道这个策略，想必一定会对演讲有所帮助……

第一，重新评价情绪。这是从新的视角重新审视过往的情绪评价是否正确的策略，也是检验自己的想法、寻找新意义的过程。每次讲课时，我反复出现的"演讲恐惧症"也是一种习惯。现在我在上课前紧张时会对自己说："这只是一次讲座，而不是衡量我价值的测试。我可能不够完美，但努力会使我越变越好。"这样一来，我可以重新评价"紧张"情绪，进而减少紧张感。

这个方法针对的是情绪生成过程中已有的评价，因此在情绪调节过程中不会承受压力。

第二，寻找属于自己的规律。所谓规律是指做某事的常规顺序和方法。当演讲前感到紧张时，进行深呼吸或做伸展运动可以缓解紧张情绪。双手举过头顶或叉开双腿站立，也能缓解紧张情绪，让人更加自信。感到不安或抑郁的时候，听喜欢的音乐或喝饮料同样有助于调节情绪。

你可以观察自己平时做什么事情时心情会变好，进而找出属于自己的规律。如果找到了规律，现在就可以把它应用到习惯上。如果在想运动或减肥时产生消极情绪，就要遵循自己的规律，将消极情绪转变为积极情绪。打开了心扉，你的身体也会随之动起来。

第三，抑制情绪反应。牌类游戏中的"扑克脸"就是典型的例子，无论手里的牌是好是坏，有些人都能抑制情绪，做到面无表情。抑制情绪反应策略不会触动情绪，只会改变情绪反应。这种方法在抑制情绪反应的过程中会产生副作用，会因为对自己说了谎而产生负罪感，压力也会增大。因此，这个策略仅适用于紧急时刻，不可滥用。

虽然我们无法完全控制情绪，但情绪调节策略可以在一定程度上控制情绪。再好的习惯，如果不敞开心扉，也无济于事。能否敞开心扉取决于情绪，特别是积极的情绪，它是打开心扉的钥匙。

◆ 21 习惯的养成与诱惑

环境会给习惯带来怎样的影响？

一个研究小组为研究环境对习惯造成的影响进行了一项实验。人们在电影院看电影的时候，总是会吃很多爆米花。虽然爆米花很好吃，但大部分人这么做是出于习惯。如果不在电影院看电影，人们还会吃那么多爆米花吗？

研究小组将参与者分成两组，分别让他们在不同的场所观看电影。在电影院观看电影的 A 组吃了很多爆米花，甚至连放置很久的爆米花都吃得津津有味。相反，在会议室看电影的 B 组吃的爆米花就少了很多[①]。为什么会出现这样的差异呢？

因为电影院是电影观众熟悉的吃爆米花的环境，所以人们会习惯性地吃爆米花。而在会议室这样相对陌生的环境，原有的习惯就会被打破。

我也有过类似的体验。开始散步没多久时，我很难坚持每周散步两天，不上班的周末尤为明显。平日里还能很好地坚持散步的我，到了周末却步履蹒跚。究其原因，是引发习惯的上下班环境在周末发生了变化。但是到了星期一，我的习惯又重新开始了，就像什么事都没有发生过一样。

英国伦敦大学学院的研究小组也发表过类似的研究结果，他们对挑战减肥的成人的习惯形成过程进行了调查。养成习惯的初期需要努力，但随着时间的推移，习惯会逐渐自动形成。习惯主要在平日形成，在与平日日程不同的周末或休息日就会停止。到了星期一，习惯再次开始形成[⑩]。周末和假日很难维持习惯。可见，环境在习惯形成过程中起着很重要的作用。

周末和假日很难维持习惯

其实，没必要把环境想得太复杂，环境存在于细小的事情中。心理学家艾利特·菲施巴赫（Ayelet Fishbach）认为，餐厅菜单的结构会影响客人对食物的选择。菲施巴赫在一次实验中，给大学生们分发菜单并让他们点菜，菜单上写着鸡肉沙拉、水果等对健康有益的食物，以及巧克力慕斯、培根芝士汉堡等对健康无益却能吸引人的食物[11]。学生们被分成两组，得到了两组不同的菜单。A组拿到的菜单分别在不同的页面列出了有益健康和无益健康的食物，而B组拿到的是两类食物混合在一起的菜单。那么，学生们会做出怎样的选择呢？

A组大部分学生选择了有益健康的食物。当学生们拿到两类食物被分列在不同页面的菜单时，一开始都很苦恼该选择哪一种食物。但察觉到被区分开的高油甜腻食物带来的诱惑和内心冲突的学生，选择了对健康有益的食物。相反，B组选择了许多对健康无益的食物。因为菜单被打乱，学生们没能意识到诱惑与冲突，最终选择了充满诱惑的无益健康的食物。

可见，只要简单地改变菜单的结构，就能使人觉察到诱惑并予以应对。灵活运用环境变化将有助于养成想要的习惯。

就吃到今天，我要从明天开始减肥；就休息到今天，我要从明天开始运动。习惯形成期经常会出现这样的诱惑，我们很容易在诱惑面前屈服，似乎眼前的诱惑比未来的目标更吸引人。如果能拒绝诱惑，养成习惯会变得更加简单。那有什么办法吗?

有两种方法,一是战胜诱惑,二是回避诱惑。虽然我们很想漂亮地战胜诱惑,但我们难以抵挡诱惑。回避诱惑看似怯懦,却更具现实性,回避也是一种计策。从《孙子兵法》等中国古代兵法中选取 36 种计策汇总而成的《三十六计》,其最后一计,即第三十六计是"走为上策",意思是以离开、回避为最好的策略。

避开诱惑的方法

希腊神话中美丽又恐怖的海妖塞壬,对乘船而过的船员们唱起歌谣。被神秘的歌声迷住的船员们纷纷跳入大海,一命呜呼。

特洛伊战争中获胜的奥德修斯在返乡途中遭遇风浪,来到一座小岛,遇到了女巫喀尔刻,女巫告诉了他如何避开塞壬的诱惑。奥德修斯遵循喀尔刻的嘱咐,在船经过塞壬居住的岛屿前,用蜡堵住了船员的耳朵,然后用绳子将自己的身体绑在了桅杆上。不久,塞壬姐妹唱起甜美的歌谣,船员们却完全听不到。陷入诱惑的奥德修斯高喊"解开绳子",却因为没人听见,众人得以安然返乡。诱惑会妨碍习惯的形成,所以要小心诱惑。

以下是只要稍微改变环境就能回避诱惑的3种方法。

第一，事前准备策略。如同奥德修斯用绳索绑住自己以回避塞壬的诱惑，我们可以事先准备好回避诱惑的策略。比如，有人在戒酒时，会拒绝朋友的聚餐邀约，避免参加聚餐活动，这样可以回避聚餐中的酒局。这个策略可有效抵御可能面对的强烈诱惑。

我去散步时，有时只带少量现金，避免运动后不买水，而买其他饮料。大部分饮料中都含有大量糖分，可以一次性补充运动消耗的热量，导致事倍功半。如果只带少量现金，想喝其他饮料也没钱买，最终只能喝水。这个方法屡试不爽。

如果想减肥，明智的选择是把会导致发胖的食物从眼前拿开。实际上，与把巧克力放在桌上能看见的地方相比，放在看不见的地方会少吃很多。更有实验证明，把巧克力放在桌上，平均每天会吃掉9个；而把巧克力放在距离桌子较远的看不见的地方，只会吃掉3个。哪怕只是简单地放在书桌抽屉里，也比之前吃得少了[12]，这与眼睛看不见就会立刻被遗忘的道理相同。

第二，区分策略。正如前面提到的两种菜单一样，区分策略是把对实现目标有帮助的诱惑和没有帮助的诱惑区分开来的方法。在一项研究中，希望减轻体重的大学生被要求在胡萝卜和巧克力中选择想吃的[13]。A组学生看到的胡萝卜和巧克力被分别放置在不同的器皿里，而 B 组学生看到的胡萝卜和巧克力被装在同一个器皿里，结果 A 组选择胡萝卜的人更多。可见，只要把诱惑明显地区分开，就有助于回避诱惑。

如果不能把冰箱里无益健康的食物扔掉，那就最好把它们集中存放在一处。只有区分开来，人们才能对无益健康的食物所带来的诱惑有所认知，进而控制自己不去吃它。

区分策略可以用在很多方面。比如，做事的时候要区分重要的事情和不那么重要的事情，从重要的事情开始做起。再比如，收拾孩子房间时，分开整理玩具和书本，就可以营造出既能尽情玩耍又能专心学习的环境。

第三，分散注意力策略。这是将集中在诱惑上的注意力转移到他处的方法。在沃尔特·米歇尔（Walter Mischel）教授进行的棉花糖实验中，拿到棉花糖的孩子们，直到老师来都没有吃手中的棉花糖。因为在这个实验中，孩子们可以得到玩具，这样他们才能耐心等待[14]。

可见，把注意力从诱惑中暂时移开，就能减少内心的矛盾，等待的时间也会更长。分散注意力策略的效果在医学上也得到了印证。利用功能性磁共振成像（fMRI）技术，可以发现人在使用分散注意力策略时，大脑中的杏仁核活动会减少[15]。

当人被甜蜜的零食诱惑时，可以利用分散注意力策略。如果想吃巧克力，就找别的事情做。如果想在饭前吃零食，就给朋友打电话或听音乐。分散注意力策略如同不阻止河水流淌，只引导其流向，并不会阻止诱惑释放能量。

◆ 22 真正了解自我的力量

自负与乐观会招来失误

"计划只要完成 30% 就可以了。"

正如彼得·德鲁克所说，达成目标并非易事。美国的一个研究小组要求大学生分别对最佳情况下的学位论文完成时间和最差情况下的学位论文完成时间进行预测。虽然学生们预测的平均所需天数为 34 天，但实际上却用了 56 天完成论文，是预测时间的近两倍。其中，在最差情况下的预测时间内完成论文的学生还不到一半，而在最佳情况下的预测时间内完成论文的学生只有 11%[16]。显然，学生们都高估了自己。

我也有过类似的经历。入职初期，课长指示我整理文件，问我大致需要几小时，我保证两小时内完成，之后便开始了工作。实际上，我用了 4 小时。为了应对意想不到的电话，接待访客以及查找资料，我花费了很长时间。

这种在计划某事时，过高或过低评价实际情况的现象被称为"计划谬误"（planning fallacy）。计划谬误产生的原因大致有两种。

第一，过高评价自己。我在撰写报告书的时候曾有过这样的想法："报告书的内容看起来很简单，估计 1 小时就够了。但也许需要更长的时间，所以就回答两小时内完成吧。"人们往往会认为自己比实际上更有能力。

第二，对未来盲目乐观。人们在制订目标和进行规划时，会对未来持乐观态度，认为现在的激情会持续下去，未来会有更多的自由时间。但事实并非如此，我们可能会感到疲倦，或者主观上就是不想干，甚至会发生意想不到的事情。未来并不都是乐观的。

灵活运用元认知能力

韩国教育放送公社（EBS）播出的节目《0.1% 的秘密》探索了模拟考试全韩国排名在 0.1% 以内的学生和普通学生之间的差异。一系列调查显示，排名 0.1% 以内的学生智商并未比普通学生高出很多，其父母的经济实力和学历也与普通学生的父母相差无几。那么区别到底在哪里呢？

研究人员对普通学生和排名0.1%以内的学生进行了测验。在向学生们说明此次实验的目的是了解学业成就度与记忆力之间的相关性后，研究人员给他们看了互不相干的单词。单词包含律师、旅行、雨伞、门铃等25个英文单词，每个单词只出现3秒。学生们为了多背一个单词而全神贯注。研究人员向学生们提出了两个要求：第一，写下自己认为能记住的单词个数；第二，把实际记住的单词写下来。

实际上，这个实验并不是为了确认记忆力，而是为了了解学生们的预测记忆个数和实际记忆个数之间的差异。分析结果显示，排名0.1%以内的学生实际记忆的个数与他们预测的个数几乎相同，而普通学生则有所差异。

有趣的是，两组学生的记忆力没有太大差异。对自己知道的和不知道的事情有所认知，并对其进行客观判断的能力被称为元认知能力（metacognition）。与普通学生相比，排名0.1%以内的学生具有更卓越的元认知能力。

《孙子兵法》提出，知己知彼，百战不殆。为了更有效地管理习惯，我们不仅要掌握习惯，还要客观地了解自己。如果能客观地评价自己，就能减少计划谬误，离达成目标更近一步。下面介绍两种客观评价自己的方法。

第一，回想自己的过去。如果你有很多未在截止日期前提交作业的经历，那么就有可能延迟处理眼前的事情，这时你需要想个对策。前面提到的美国一个研究小组针对大学生预测论文完成时间提出了另一个课题，要求他们"在制订计划前，回想自己的过去"，结果预测时间和实际所需时间的差距比之前缩小了。可见，回想以往经历，可以使人更客观地评价自己，帮助自己更合理地制订今后的计划。

第二，测量意志力。与用体重秤测量体重一样，如果能用工具来测量意志力，那将有助于我们了解自己的习惯管理能力。罗伊·鲍迈斯特的研究小组制作了测量意志力的问卷，351 名大学生使用该问卷测量了自己的意志力。结果显示，相对于意志力分数低的学生，分数高的学生在学习成绩、适应力、人际关系和沟通技巧方面的表现更为出色。

意志力测量问卷原本由 36 道题组成，研究小组将其缩减至 13 道题，经过验证，可信度和效度都很高[17]。我们可以用这个问卷来测量自己的意志力。为了测量的精确性，受试者需要诚实回答。如果分数高，带着自信养成习惯即可；如果分数低于预期，也无须难过，可以通过前面提到的意志力训练提高自己的意志力。

实战指导

我的意志力有多强？

请确认以下选项是否全面地描述了自己。

1 完全不是	2 不是	3 一般	4 是	5 完全是

1	我善于忍受诱惑	
2	我容易改掉坏习惯	
3	我不懒惰	
4	我不说不合时宜的话	
5	即使我对某事很感兴趣，只要对我有负面影响，我就不做	
6	我拒绝对自己不利的事情	
7	我拥有节制力	
8	别人说我有很强的自制力	
9	愉快而有趣的事情不会妨碍我的工作	
10	专注对我来说并不难	
11	我可以向着长远目标有效地工作	
12	如果我知道某事不正确，我可以停止它	
13	我行动前会想好所有对策	
	合计	

来源：J. P. Tangney, R. F. Baumeister & A. L. Boone, "High self-control predicts good adjustment, less pathology, better grades, and interpersonal success"

※ 评分方法：求各项分数的总和。
· 50 分以上：意志力强。   · 30 ～ 49 分：意志力一般。
· 29 分以下：意志力薄弱，需要进行意志力训练。

◆ 23 养成新习惯需要多长时间?

培养习惯是场马拉松比赛

养成新习惯需要多长时间? 很多人认为是 21 天, 但是缺乏科学依据。这是未确认依据的情况下, 直接引用他人主张的结果。最近有观点认为, 66 天就能养成新习惯。66 天是有科学依据的。

英国伦敦大学学院进行了一项测量习惯形成时间的研究[18]。参加研究的大学生首先选择了自己想养成的习惯, 他们选择了早晨喝一杯水、早晨步行 10 分钟、做 50 个仰卧起坐、中午吃水果、晚饭前跑步 15 分钟等每天都能做的习惯, 并且每天记录习惯行为的结果。研究结果显示, 习惯形成所需的时间从 18 天到 254 天不等。

从 18 天到 254 天, 按顺序排列时, 中间值为 66 天, 所以才会有人主张习惯形成的时间是 66 天。中间值像平均值一样有助于了解整体，但不能反映每个人的特性。基于个人特性和情况的不同，习惯形成的时间不尽相同。在该研究中，有很多人花了 66 天以上的时间养成习惯。因此，在培养新习惯时，最好不要规定 66 天的期限。如果提前限定时间，自己又没能在限定的时间内形成习惯，自信心就会下降。

习惯与祈雨祭祀很相似。生活在美国亚利桑那州沙漠的原住民霍皮人以务农为生。这里的年平均降水量为 250 毫米以下，并不适合农业生产，因此求雨在原住民的生活中一直很重要，他们非常渴望下雨。只要有祈雨祭祀活动，雨一定会如期而至。秘诀很简单，那就是将祈雨祭祀活动一直持续到下雨为止。（有关霍皮人举行求雨祭祀活动的故事，虽有与事实不符的部分，但鉴于被广泛接受、沿用至今，故在此引用。）习惯也一样，不要设限，只要坚持到习惯形成为止即可。

习惯会逐渐形成，比起 100 米赛跑，更接近于马拉松比赛。为了跑完马拉松，除了基础体力，策略也很重要，还要考虑竞争对手的特性。正如在马拉松比赛中有强大的对手一样，习惯中也有强烈的习惯。那么怎样的习惯才是强烈的习惯呢？

首先，经常重复的习惯。比起偶尔为之，每天重复的习惯更强烈。比如，喝咖啡是一种强烈的习惯，韩国人一年平均喝 353 杯咖啡[19]，每天喝 1 杯咖啡成了很多人的习惯。其次，老习惯。比起最近养成的习惯，从小养成的习惯更强烈。在养成新习惯时，有必要考虑老习惯的强度。

一项实验对比研究了养成习惯的过程中不同强度的老习惯带来的影响。研究结果显示，当老习惯的影响力较弱时，人们可以按照自己的意愿实践新习惯；相反，当老习惯的影响力较强时，人们就不能随心所欲。滚来的石头嵌得很深，拔不出来[20]，仅凭意念也很难战胜强烈的习惯。

强烈的习惯不会轻易消失。2015 年发表的一篇论文指出，老习惯并不会轻易消失。有趣的是，这篇论文的标题为《积习难改》（"Old Habits Die Hard"）[21]。

强烈的习惯很难发生改变。如果习惯了每天乘坐地铁，就不太会关心其他交通工具。因此，第一天坐了地铁，第二天不出意外，还是会坐地铁。买东西的时候也会出现类似的现象。比如，在便利店买矿泉水时，不会考虑太久买哪种矿泉水，而是会选择平时常买的矿泉水。反复购买特定矿泉水会强化购买习惯，也就不会对其他矿泉水太在意[22]。**频繁的行为会形成习惯，习惯持续下去就会根深蒂固，而根深蒂固的习惯不易受到外界风吹草动的干扰。**

要考虑到习惯的强度

观察强烈的习惯不易改变的现象，会产生一个问题：所谓强烈的习惯需要反复多少次、多久才能形成呢？一些心理学家苦苦思索着这个问题。心理学家巴斯·维普兰肯（Bas Verplanken）和欣·奥贝尔（Shein Orbell）认为，习惯的强度很重要。过去也有用习惯频率测量习惯强度的方法，但他们不满足于既有方法，开发了新的方法，即自我报告式习惯指数（self-report habit index，SRHI）问卷[23]。通过这个问卷进行调查，可以得到两个重要信息。

第一，可以确认新习惯是否形成。在英国伦敦大学学院的一项研究中，参与者们养成某种习惯所需的时间为 18 天到 254 天不等，研究者依据习惯指数中测量习惯自动化的 7 个问题来判断习惯是否形成。如果分数在 22 分以上，就说明新习惯已经部分形成；如果分数在 33 分以上，就说明新习惯已经完全形成。我想把写作变成一种习惯，在开始 3 周后进行了问卷测试，结果分数是 13 分，看来我应该再努力一些。在培养习惯的过程中，测量新习惯的强度可以检验习惯形成的程度。

培养习惯的初期很重要。英国伦敦大学学院的研究显示，习惯的自动化程度在习惯形成初期会显著提高；但在 30 天后，提高速度逐渐放缓。虽然为了养成某种习惯需要不断实践，但聚焦初期对习惯养成更有效。

习惯的自动化程度在习惯形成初期显著提高

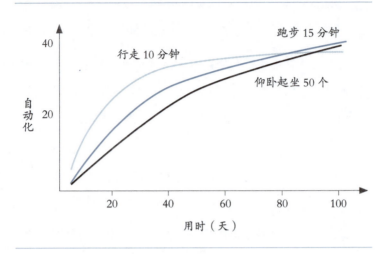

第二，测试你想改变的旧习惯的强度。坐在椅子上，我总是不由自主地跷起二郎腿，于是很想改掉跷二郎腿的习惯。针对我的跷二郎腿习惯，问卷测试结果为 32 分，说明跷二郎腿是一个很顽固的习惯。因此，依据英国伦敦大学学院的研究结果，我认为改掉跷二郎腿习惯可能需要两个多月的时间。在你想改变习惯时，考虑习惯的强度，可以在一定程度上预测改变习惯所需的时间，会对自己有所帮助。这与跑步前依据长跑还是短跑分配体力是一个道理。

我的习惯强度如何?

作答时请默念你想养成或改掉的一个习惯。

1 完全不是	2 不是	3 一般	4 是	5 完全是

1	我会无意识地做这件事	
2	我不会刻意记住所做的这件事	
3	我做这件事前不会思考	
4	我需要付出努力才能不做这件事	
5	我做过后才会意识到自己做了这件事	
6	我知道不做这件事很困难	
7	我不需要对做这件事进行思考	
	合计	

来源:B. Verplanken & S. Orbell, "Reflections on past behavior — A self-report index of habit strength"

※ 评分方法:求各项分数之和。

区分	希望养成的习惯	希望改掉的习惯
33 分以上	已养成	因为很强,所以要提高觉悟
22 ~ 32 分	正在养成	因为比较强,所以要放松心态
21 分以下	需要进一步实践	因为比较弱,所以要有自信

◆ 24 习惯管理的前锋与后卫

前锋与后卫缺一不可

我从小就喜欢足球，小学 6 年级时，我的理想甚至是当一名足球运动员。一到中午，我就会赶紧吃完饭，到操场上与朋友们一起踢足球。虽然只是一群小伙伴跟着球跑的小区足球，但我们也会按照自己的方式确定前锋和后卫。有时，也会有后卫小伙伴抱怨："让我也进攻一下嘛。"在足球比赛中，前锋和后卫有着明确的责任区分，前锋负责得分，后卫则负责不丢分。如果比赛以 0 比 0 结束，双方握手言和，前锋也许会为没有得分而感到遗憾，后卫则会庆幸没有丢分。

我们每个人的心中都有前锋和后卫。心理学家托里·希金斯（Tory Higgins）认为，当人们追求快乐并逃避痛苦时，会启动两个系统，一个是起到前锋作用的提升系统，另一个则是担任后卫的防御系统[20]。**提升系统最注重的是成就**，就像前锋渴望得分一样，提升系统也追求积极的结果。该系统对变化非常开放，甚至不惜承担风险，以取得积极的结果。因为该系统对积极结果十分敏感，所以会因积极结果而感到快乐和满足，否则就会陷入失望。如同决心要随时进球的前锋一样，提升系统始终怀抱希望努力成长。

相反，**防御系统的核心价值是安全**。如同后卫不喜欢丢分一样，防御系统也在为避免负面结果而竭尽所能。该系统厌恶变化，甚至不愿意靠近危险的事情。该系统对消极的结果很敏感，会因规避它而安心，否则就会变得焦躁不安。就像决心不丢分的后卫一样，防御系统看重义务和责任。

提升系统和防御系统为了追求共同的目标会实施各自的策略。在足球比赛中，每个人都在为胜利而战，前锋实施的是得分策略，后卫实施的则是不丢分策略。如果某人把拥有健康身体作为今年的目标，那么这两个系统会这样运行：提升系统因重视成就，所以会关注如何把握有益健康的机会；防御系统则会聚焦安全，着眼于避开可能无益健康的危险。

在习惯管理方面，前锋和后卫表现出不同的特点，大致可以分为3点。

第一，在开始和维持某种习惯时，两者的行为表现有所不同。前锋进行决策时很果断，动力来自改变现状的目标。如果下定决心要减肥，那么减肥成功就会成为亟待实现的目标。前锋的推动力很强，能快速地寻找信息，制订并实施计划。前锋对变化很开放，所以在习惯形成过程中不会有太大的压力。但是，奋力开始减肥的前锋在进入下半场之后，会表现出与之前不同的面貌，体力急剧下降，最终会放弃减肥。这与在足球比赛中，上半场使出浑身解数，下半场因肌肉痉挛而倒下的前锋情况相似，即前期强劲，后劲不足。

相反，后卫对目标会有种义务感，目标就是一定要达成的对象。在开始减肥时，后卫会比前锋感到更大的压力。后卫虽然在出发时倍感苦恼，但一旦开始，就会不停地专注于达成目标。后卫虽然前期动作迟缓，但后劲十足。

前锋和后卫都有长处：前锋擅长打头阵，后卫则擅长维护。在戒烟和减肥研究中，前锋在上半场表现出色，后卫则在下半场表现突出[25]。

第二，抵御诱惑的方式不同。一旦开始减肥，诱惑就会接踵而至，导致平静如湖水的内心在巨浪中荡漾。在减肥过程中，如果被夜宵诱惑，前锋会重新思考自己制订的目标，提高觉悟。相反，后卫会避开有夜宵的场合，回避妨碍达成减肥目标的事情。后卫的防守能力比前锋更强，因此冲动进餐的可能性更小，甚至会有享受忍耐的后卫，可见后卫对诱惑有很强的抵御能力。

第三，应对失败的方式不同。首先，前锋和后卫对"失败"这一概念有不同的认识。前锋认为失败是未能达到目的，后卫则会认为失败是未能保持现状。前锋如果反复失败，就会失去兴趣，专注度也会随之下降；但后卫如果失败，专注度反而会上升。因此，如果对失败进行反馈，前锋的成就感会减弱，后卫的成就感反而会增强。

失败后的一段时间，前锋和后卫都会调整心态，两者对此也有不同的表现。前锋保持高度的自尊感以激发对成功的热情，后卫则会保持较低的自尊感以保持警惕，具有不同特点的前锋和后卫会利用各自的特点来达成目标。截至目前，所观察的前锋和后卫的特点如下：

前锋与后卫在习惯管理中的特点

区分	前锋（提升系统）	后卫（防御系统）
核心价值	成就（希望和成长）	安全（义务和责任）
行为目标	追求积极的结果	规避消极的结果
成败标准	是否达成目标	是否维持现状
对结果的情感	积极结果：快乐和满足 消极结果：失望	积极结果：安心 消极结果：焦躁不安
对变化的态度	开放的	封闭的
行为特点	前期强劲，后劲不足	前期迟缓，后劲十足
对诱惑的应对	重新思考目标	回避诱惑

考虑自己的嗜好

如果到目前为止，你已经观察了前锋和后卫的特点，那么现在有必要确认自己更倾向于前锋还是后卫了。就像好衣服要合身才会好看一样，习惯也要符合自己的偏好才会有效。首先，通过实战指导中的问卷来了解一下自己的倾向。

如果掌握了自己的偏好，就可以制定适合自己的策略。如果你是前锋，就应该注重下半场而不是上半场。虽然你可以充满活力地迈出第一步，但却会逐渐感到疲惫，也有可能对无法随心所欲的境遇感到失望。在这种情况下，你与其对自己感到失望，不如承认前锋后劲不足的事实。面对诱惑，要不忘初心；面对失败，要降低标准。

如果你是后卫，就应该把心思花在前期。你要承认前期反应迟缓的后卫特点，减轻开始时的心理负担，也可以从轻松且容易的习惯开始慢慢做起。由于后卫的后劲十足，因此你一旦开始，成功的概率就会很大。

我是前锋还是后卫？

请勾选与你的想法相近的选项。

序号	选项	勾选 (√)
1	我经常考虑如何实现愿望和抱负	
2	我偶尔会想象未来理想的模样	
3	我比较注重未来的成功	
4	我时常为如何达成目标而苦恼	
5	相对于预防失败，我更追求成功带来的成就感	
6	职场（校园）生活的目标是获得高评价	
7	我是一个倾向于实现梦想、怀抱希望、充满渴望的人	
8	我大体上重视取得积极的成果	
9	我时常想象平时期待的好事真的发生在我身上	
10	我一般会注意预防不好的事情	
11	我担心自己也许不能尽到责任和义务	
12	我偶尔会想如果我变成坏人该怎么办	
13	我偶尔会担心达不成目标该怎么办	
14	我有时会想象平时担心的事情发生在自己身上	
15	对我来说，相对于得到了什么，更重要的是不失去什么	
16	职场（校园）生活的目标是达到评价标准	
17	我希望尽到义务、责任、职责	
18	我经常会思考预防失败的方法	
	合计	

来　源：P. Lockwood, C. H. Jordan & Z. Kunda, "Motivation by positive or negative role models — Regulatory focus determines who will best inspire us"

※评分方法：前锋（1～9题）与后卫（10～18题），勾选更多的一种代表自己的倾向性。如果勾选的数量相同或相差1个，则意味着自己具有两种倾向。

◆ 25 靠优势决胜负

能救我的才是优势

被誉为"高尔夫天才"的泰格·伍兹也有短板，那就是逃离沙坑。通常选手们会为了弥补自己的短板而进行训练，然而泰格·伍兹有所不同，他会把大部分时间用于训练挥杆、远球等自己的优势上。他认为，如果挥杆和远球打得好，掉进沙坑的概率就会降低。专注于发挥自己的优势，成绩自然就会提高。

强化优势似乎是个好方法，但有时我们总觉得应该补齐短板。那么在强化优势和补齐短板中，哪一个更有效呢？

领导力大师约翰·马克斯韦尔（John Maxwell）分析了杰出领导者的特点，特别观察了领导者会把时间用在何处。分析结果显示，卓越的领导者在强化优势上花费了 70% 的时间，并且将 25% 的时间用于学习新的东西，在弥补短板上只花费了 5% 的时间。卓越的领导者也像泰格·伍兹一样，把精力集中在强化自己的优势上 ㉖。管理学家彼得·德鲁克也提倡"基于优势构建自我"，强调要强化自己的优势。

我英语口语不好，读、写还可以，听、说就没底了，于是很羡慕英语口语好的后辈们。也许正因为如此，每年一到新年我就会把"学习英语口语"作为目标，随后进行了两年的电话和线上英语学习。我已经很努力学习了，那么两年后如何了呢？有了少许的进步，比完全不学习要好一些。为补齐短板我投入了两年时间，但这一结果不免令我感到遗憾。

我通过阅读各种各样的书籍，了解到强化优势会更有效。我虽然懂这个道理，但心里却并不舒服。我打算专注于强化优势，却发现了短板。我总觉得对自己的短板置之不理并不妥当，所以继续学习英语口语。弥补短板并不意味着能将其发展为优势。仔细想来，英语口语比我好的后辈有很多，还有去美国留学或主攻英语的后辈。我的工作不太需要英语口语技能。如今想来，我将两年的时间投入到英语口语学习中实在很可惜。如果把两年时间投入到强化自己的优势上会怎样呢？

培养优势的小习惯

想挖一口井，就要找能挖出水的地方，并不是哪里都可以挖出水来。这就是我们要专注于强化自身优势的原因。问题是很多人并不清楚自己的优势是什么。

有人会说："我没有什么优势，没有什么是我擅长的事。"

有趣的是，分析结果显示，往往这么说的人的优势正是"谦虚"。因为谦虚，所以会看低自己。

确认优势后，将其运用到习惯策略中会很有帮助。下面介绍一个名为"优势行为价值问卷"（Value in Action Inventory of Strength）的分析工具，是心理学家克里斯托弗·彼得森（Christopher Peterson）和马丁·塞利格曼开发并经过科学验证的工具。由于题目过多，这里只介绍问卷的部分内容。如果希望得到准确的分析结果，可前往网站（www.viacharacter.org）进行免费测试。该网站支持中文版，所以很方便[27]。

在简易问卷后面有可强化 24 个优势的小习惯，这些习惯虽然小但很有效，在养成新习惯时可以参考。假设创意是你的优势，那么就把拍照和写诗培养成一种习惯，你的创造力会进一步提高。假设谦虚是你的优势，那么就培养自己每天称赞家人、朋友、同事等周边人的习惯，你的人际关系就会变得更牢固。

现在，让我们找出自己的优势，思考培养优势的小习惯。

在你完成问卷时，可能会出现很多个 5 分，你最好专注于自己最满意的一两个优势。相反，对自己严格的人可能连一个 4 分以上的优势都没有，此时选择分数最高的优势即可。

我也曾经做过这个测试，结果显示我的优势是求知欲和亲和力。为了进一步强化优势，我选择培养写作习惯，通过写作与人们分享自己学到的知识，帮助他人成长。因为写作习惯与我的优势相关联，所以我认为写作是一个可以使我成长的好习惯。

如果我内心希望养成某种习惯，就会问自己，新习惯与自身的哪个优势有关联？如果希望养成的新习惯与自身的优势相关联会更有效果，那么何乐而不为呢？

实战指导

我的优势是什么？

阅读下列问题，选择最恰当的分数。

1 与我非常不同	2 与我不同	3 一般	4 与我相似	5 与我非常相似

优势	选项	分数
创造力	我在做某事时，总会想出新的方法	
好奇心	我认为我的生活很有趣	
判断力	我做决定时会重视事实	
求知欲	我非常喜欢学习新东西	
洞察力	人们会寻求我的建议	
爱意	我善于向别人表达爱意	
亲切	我总是努力帮助那些需要帮助的人	
社交性	我跟初次见面的人总是很合得来	
勇气	当别人恶语相向时，我总会明确抗议	
忍耐	即使有障碍，我也会完成工作	
诚实	我总是信守承诺	
热情	人们说我充满了热情	
宽容	我相信原谅和遗忘是最好的选择	
谦虚	对于发生在我身上的好事，我总会谦虚地接受	
谨慎	我总会三思而后行	
自我调节	我是个很有自控力的人	
公民意识	尊重我所在的组织做出的决定，对我来说很重要	

优势	选项	分数
公正性	不管是不是我喜欢的人，我都会公平对待	
领导力	我善于领导集体活动	
审美眼光	每当看到美丽的事物时，我都会感触很深	
感激	我在生活中收获颇丰	
希望	即使面对困难的挑战，我也对未来充满希望	
幽默	我有让别人感到有趣的才能	
灵性	我对人生抱有使命感	

来源：www.viacharacter.org

强化优势的小习惯

优势	小习惯	优势	小习惯
创造力	学习摄影、陶艺、绘画、写诗	宽容	消除愤怒情绪
好奇心	听陌生主题的讲座，学习历史	谦虚	赞扬家人、朋友和同事
判断力	阅读叙述视角不同的文章	谨慎	三思而后行
求知欲	阅读非小说类书籍，学习新词语	自我调节	1周内每天都锻炼
洞察力	努力解决周边的矛盾	公民意识	拾起街边的垃圾
爱意	传递爱的纸条	公正性	承认错误并承担责任
亲切	背着朋友或家人做好事	领导力	安排朋友聚会
社交性	理解并鼓励其他人	审美眼光	去陌生的美术馆、博物馆
勇气	说出独特的想法	感激	每天记录3件值得感谢的事情
忍耐	提前完成计划	希望	思考从失败中学到的东西
诚实	不说谎	幽默	收集和运用有趣的信息
热情	吃一顿营养早餐	灵性	自省、冥想

引文来源及参考资料

① 出自 S. Achor,《幸福的特权》

② 出自 D. M. Wegner, D. J. Schneider, S. R. Carter Ⅲ & T. L. Whiter, "Paradoxical effects of thought suppression"

③ 出自 J. W. Pennebaker & D. Y. Sanders, "American graffiti — Effects of authority and reactance arousal"

④ 出自 G. Naomi, "Never have a back-up plan, put your money at stake and don't say 'don't'"

⑤ 出自金德成,郑贵秀,张书然,《放你一马》

⑥ 出自朴勇哲,《情绪是一种习惯》

⑦ 出自 J. J. Gross, "Emotion regulation in adulthood — Timing is everything"

⑧ 出自 D. D. Wagner & T. F. Heatherton, "Self-regulation and behavior change"

⑨ 出自 D. T. Neal, W. Wood, M. Wu & D. Kurlander, "The pull of the past — When do habits persist despite conflict with motives?"

⑩ 出自 P. Lally, J. Wardle & B. Gardner, "Experiences of habit formation: A qualitative study"

⑪ 出自 A. Fishbach & Y. Zhang, "Together or apart — When goals and temptations complement versus compete"

⑫　出自 J. E. Painter, B. Wansink & J. B. Hieggelke, "How visibility and convenience influence candy consumption"

⑬　出自 A. Fishbach & Y. Zhang, "Together or apart — When goals and temptations complement versus compete"

⑭　出自 D. T. Neal, W. Wood, M. Wu & D. Kurlander, "The pull of the past — When do habits persist despite conflict with motives?"

⑮　出自 K. McRae, K. N. Ochsner & J. J. Gross, "The reason in passion A social cognitive neuroscience approach to emotion regulation"

⑯　出自 Buehler 等, "Exploring the 'planning fallacy' — why people underestimate their task completion times"

⑰　出自 J. P. Tangney, R. F. Baumeister & A. L. Boone, "High self-control predicts good adjustment, less pathology, better grades, and interpersonal success"

⑱　出自 P. Lally, C. H. M. Van Jaarsveld, H. W. W. Potts & J. Wardle, "How are habits formed — modelling habit formation in the real world"

⑲　出自 http://biz.khan.co.kr/khan_art_view.html?artid=201907141323001&code=920401

⑳　出自 U. N. Danner, H. Aarts & N. K. de Vires, "Habit vs. intention in the prediction of future behaviour — The role of frequency, context stability and mental accessibility of past behaviour"

㉑　出自 I. Walker, G. O. Thomas & B. Verplanken, "Old habits die hard — Travel habit formation and decay during an office relocation"

㉒ 出自 K. B. Murray & G. Haubl，"Explaining cognitive lock-in — The role of skill- based habits of use in consumer choice"

㉓ 出自 B. Verplanken & S. Orbell，"Reflections on past behavior — A self-report index of habit strength"

㉔ 出自 A. A. Scholer & E. T. Higgins，"Promotion and prevention systems"

㉕ 出自 P. T. Fuglestad, A. J. Rothman & R. W. Jeffery，"Getting there and hanging on — The effect of regulatory focus on performance in smoking and weight loss interventions"

㉖ 出自 J. C. Maxwell，《领导的条件》

㉗ 出自 C. Peterson & M. E. P. Seligman, *Character strength and virtues: A handbook and classification*

Part 04

第四部分

实践方法

不同情况下养成习惯的实践方法

我们切不可因为改变了习惯就掉以轻心，要在虎视眈眈、伺机反击的旧习惯前守护新习惯。旧习惯会在我们倍感压力、意志力薄弱或暴露在过去熟悉的环境中时试图反击。所以我认为有必要将旧习惯的反击机会扼杀在萌芽中。

◆ 26 当你没有运动时间时

从 1 分钟运动开始

新员工 A 说:"职场生活比想象的更忙碌和辛苦。虽然在体力方面我很有自信,但仍然逐渐感到疲惫。到了假日,我累得一整日都在睡觉,却丝毫没有解乏的迹象。虽然我尝试过几次做有规律的运动,但每次都以失败告终。学生时期我偶尔也会运动,但自从上班后便与运动绝缘了。"

我也有过与员工 A 相似的经历。我在大学时期很喜欢运动,甚至成立了足球社团,但因为进入公司后比以前更忙碌,所以运动时间明显减少。

很多人因为没有时间而不能运动。韩国文化体育观光部发表的《2019 年国民生活体育调查》显示,在无法进行规律运动的原因中，选择"时间不足"的人最多，占 74%[①]。韩国人都很忙。在经济合作与发展组织（OECD）成员国中，韩国上班族的工作时长排名十分靠前。韩国的学生们也会在学校和补习班学习到深夜。没有时间，人们该怎么运动呢？

如果没有时间，可以推荐给你 1 分钟运动。因为只有 1 分钟，所以不会有负担。你可能会感觉有点不踏实，觉得 1 分钟能有什么运动效果呢？

据说，这种 1 分钟短时运动的效果更佳。韩国首尔大学医院家庭医学科教授崔浩天主张，相对于额外抽出时间运动，增加平时的活动对减轻体重更有效果。据调查，人体 70% 的能量用于基础代谢和消化食物，30% 用于活动身体，而 30% 中的 25% 用于日常生活，5% 用于运动。可见比起运动，日常生活中消耗的能量更多。因此，只要稍微增加平时的活动量，就可以消耗相当于每天运动 1 ～ 2 小时的能量。也就是说，在日常生活中多活动 1 分钟也会很有效果。

1 分钟可以做的运动有很多。除了伸展运动、俯卧撑、仰卧起坐、深蹲、平板支撑等广为人知的运动，如果搜索"居家运动"，很容易就能找到在家不用运动器械也可以做的简单运动。你可以从中选择一种自己想做的，开始 1 分钟运动。

此时，你需要制订一个容易实施的目标。俯卧撑可以从 1 个开始，如果一开始就把目标定为 10 个、20 个，实施起来就会很困难。1个俯卧撑虽然少，但做1个总比不做好。既然为了做1个而准备好了姿势，那顺便也可以再做2～3个。

1分钟能做多少个俯卧撑呢？出于好奇，我查看了韩国聘用警察的体力测试标准。考试项目中俯卧撑满分为男性每分钟58个，女性50个以上；仰卧起坐的满分为男性每分钟58个，女性55个以上。

虽然我们无法突然做到每分钟做50个俯卧撑，但只要稍加练习，至少能做10个。有研究结果显示，如果可以做10个以上的俯卧撑，我们罹患心脏病、急性心肌梗死、脑出血的概率会降低。每天做俯卧撑和仰卧抬腿各20个，两项运动加起来不到2分钟。可见，1分钟可以做的运动比想象中的更多。

爬楼梯也是值得推荐的1分钟运动，是任何人都能做的运动，只要1分钟就能爬两层楼。而且爬楼梯可以比走路多消耗2～3倍的热量，在短时间内可以强健腿部肌肉，对减少体内脂肪也有效果。

"哈佛毕业生健康研究"显示，每天爬8层楼梯的人比每天走2千米的人死亡率低22%。韩国江北三星医院职业环境医学科教授俞承浩表示："每爬两个阶梯就能消耗0.5千卡热量，寿命增加0.8秒。"

我每天都会爬9层楼梯到办公室所在的顶楼。刚开始，我只要爬到一半，腿就会酸痛，但现在经过一定锻炼，可以不太费力地爬上去，时间用不了 3 分钟。我一般会在中午爬楼梯，如果忙得没时间爬，就会在下班回家时爬。爬楼梯要注意，上楼梯的运动效果很好，但下楼梯时有可能会对膝关节造成负担，所以最好乘坐电梯。

"万步行"的成功秘诀

继 1 分钟运动之后，我来推荐另一种习惯，即走路。走路是戴口罩也能进行的运动。韩国国民生活体育调查显示，韩国人最常做的运动就是走路（42%），这也是韩国国民最喜欢的运动，比位居第二的登山（17%）高出约 1.5 倍。

走路是有氧运动，对预防心脏病、糖尿病和癌症很有帮助。走路可以强化心肺功能，对大脑血液循环产生积极影响，降低患阿尔茨海默病等认知障碍类疾病的风险，提高免疫力，增强骨骼和肌肉。走路还可以增强意志力。有氧运动能使前额叶和海马体变厚，对增强意志力也很有效。走路不仅有助于减肥和形成健康的饮食习惯，还有助于戒烟、提升人际关系、管理压力、控制消费等②。

2015 年，48 名欧洲科学家发表了一项关于运动对死亡率影响的研究结果，对居住在欧洲的 33.4 万名成年人进行了持续 12 年以上的观察。分析结果显示，每天快速行走超过 20 分钟的小组比完全不运动的小组早期死亡率低 16% ～ 30%[③]。可见，行走 20 分钟左右会对我们的身体产生很大的影响。

我每天会走 1 万步，当然 1 万步的距离根据步幅的大小会有所不同，大概有 7 千米左右。如果走得快，我需要 90 分钟左右。90 分钟对大忙人来说实在不切实际，人们每天还要上班，很难抽出连续 90 分钟时间。我选择的方法是"积少成多"。

第一，利用上下班时间。从家到地铁站每天步行 1 千米，关键是要抵挡住坐公交车的诱惑。从地铁站出来后，我会步行到单位，上班约走 3000 步，下班约走 6000 步。

第二，利用零碎时间步行，积少成多。我可以爬楼梯，也可以抽空步行。中午散步 10 分钟也不错。这样一天下来差不多就能走 1 万步了。

达不到 1 万步怎么办？方法很简单，达不到 1 万步就不回家。我会提前一站下车步行或在小区里转一圈后回家。如果想在上下班时间多走路，最好穿上方便走路的鞋。我经常把皮鞋放在单位，在上下班时穿上运动鞋。

第三，应用 WOOP 思维。最初我制订过走 1 万步目标，但没过几天就因为下雨以失败告终。由于环境的影响，我出现了步行困难的情况，因此有必要制订应对此类情况的计划。我将 WOOP 思维应用到步行 1 万步中，假设下雨，我就把运动目标定为 50 个仰卧抬腿，而不是走路。

下雨天做强度小于"万步行"的运动，可能会令你感到遗憾，但这比干脆不做运动要好得多。至少应用 WOOP 思维后，我可以坚持"万步行"计划。可见如果提前制订计划，在实际遇到困难时，克服困难的可能性就会提高。

我曾收到过一封邮件，来自去年参加习惯管理课程的人：

"为了践行走 1 万步计划，我尝试过从地铁站走到家，抽时间去健身房运动。特别是通过步行我有了更多的时间看天空，看气球般大的太阳，看夜晚的月亮，心情也会很不错。谢谢你。"

我很感谢能收到这样的邮件。一个不完美的课程能为某个人带来积极的影响，我感到十分幸福。

目标要符合自己的水平

步行时树立目标很有好处。有了目标才能产生动力，确认自己是否能达成目标。前面介绍的新员工Ａ也向"万步行"发出挑战。新员工Ａ前两天虽然失败了，但是他把目标调整到符合自己水平之后，开始不断收获成功。此后，他逐渐提高了目标，如今每天都在践行"万步行"。

时间	新员工Ａ	作者
第一天	未能完成每日"万步行"计划（5400步）	失败也没关系。如果你做了几天仍感到有负担，那么可以把目标调整为5000步或7000步
第二天	谢谢反馈！再做几天后调整看看	
第三天	每日步行1万步，今天还是失败了（7300步）	没关系，加油
第四天	打算把目标调整为5000步	5000步绝非容易达成的目标，明天继续加油
第五天	调整为5000步后，第一次收获了成功（8100步）	太棒了，真了不起
第六天	达到峰值（9700步）。这周先试试看，然后提高目标如何？	太棒了。再尝试1周后，提高目标也不错

我们没有必要一开始就把目标制订得过高，一天走3000步也可以，散步10分钟也可以。与其选择让自己感到有负担的目标，然后反复失败，不如选择符合自己水平的目标。

◆ 27 当减肥频频失败时

暴饮暴食是症结，而零食也是敌人

很多人挑战减肥，虽然也有短暂的效果，但多数情况下很难坚持下去。那么长期减肥成功的比例有多少呢？

就这个主题，美国一个研究小组曾做过相关研究。研究小组为了掌握长期减重情况，从 1999 年到 2006 年，对 1306 名成年人的资料进行了分析。分析结果显示，超重或肥胖人群中控制体重良好的人占 17%[④]。在类似的研究中成功比例也仅为 15%[⑤]。

在上述两项研究中，减肥成功率均未达到 20%。换句话说，80% 的人都在减肥过程中遇到了困难。另外，试图减肥的人中有一半的人经历过反弹。也就是说，这些人后来增加的体重比减掉的体重更多。其实，许多研究表明减肥对减重并不是十分有效[⑥]。

为什么会这样呢？

进行节食减肥，即食疗减肥，起初会减掉赘肉，但随着时间的推移会再次长胖。如果不运动，只减少食量，身体的代谢就会变慢，脂肪分解速度也会下降，导致体重反弹。如果只想通过减肥减重，那么就必须进一步减少摄入的热量，但这个方法的作用是有限的。因为如果人的肚子饿了，意志力就会减弱，专注力也会随之下降，情绪调节会变得困难。归根结底，还是要结合运动。

当人开始运动起来时，赘肉就会减少，身体就会变轻，但运动效果并不会持续。运动可以增强肌肉，做相同的运动会逐渐不像以前那么累。如果持续进行同样强度的运动，消耗的热量就会减少，渐渐地会无法减掉赘肉。因此，想要减少更多体重，应该延长运动时间或提高运动强度。

我们的身体会抗拒减肥，所以减肥并没有想象的那么容易。人吃少了会饿，会没力气。体重减轻后，人的身体会调整新陈代谢，巧妙地防止体重进一步下降。当我们开始减肥后，身体会感到疲惫，于是就想减少活动量或改变味觉，吃热量高的食物[⑦]。这就是减肥时食欲更旺盛的原因。

暴饮暴食是减肥的敌人。减肥的时候既要控制饭量，也要注意零食摄入量。零食的含糖量和含油量较高，因此热量也很高。人们通过零食摄取的热量可以占一天摄入量的25%～30%，相当于多吃了一顿饭，吃零食会在不经意间导致摄入过量。可是吃零食的人数在不断增加。截至2015年，每天吃3次以上零食的人比1970年增加了4倍以上[8]。现在正是需要采取对策之际。

避免暴饮暴食的方法

第一，避免不吃早餐。吃早餐不仅对管理意志力很有效，对减肥也有很大助益。美国康奈尔大学的研究小组研究了那些没有付出多大努力就能保持苗条身材的人。研究结果显示，96%的苗条人士几乎每天都吃早餐。相反，未吃早餐的人在午餐时大多会暴饮暴食[9]。

下定决心减肥后不吃正餐，也许能撑一两天，但维持不了多久。特别是在压力过大时，暴饮暴食或吃夜宵的可能性很大。有些人甚至会在尝试减肥的过程中一下子崩溃。减肥过程中，炸鸡和啤酒带来的诱惑会比过去更加强烈，如果不敌诱惑吃了一次，就会前功尽弃。你会认为"反正减肥已经泡汤了，就安心地吃吧"。其实，不断顿、不吃零食和夜宵更有效。一日之计在于晨，坚持吃早餐才是最重要的。

第二，记住吃过的食物。很多人在吃饭的时候会看电视或智能手机。这时，相比正餐，人们更关注影像，这一点要引起注意。在一项实验中，吃午餐时看电视的人和不看电视的人相比，晚餐吃得更多。这是因为看电视会干扰人们对午餐的记忆，使其不记得吃了多少，进而导致晚餐时吃得过多。相反，记得午餐时吃过什么的人，晚餐吃得就会相对少一些。因为记得午餐，所以避免了晚餐时会吃得过多[⑩]。

记住食物的最好方法就是记录。如果每天记录并确认吃过的食物，就可以调节食量。因此我建议大家都来写饮食日记。研究结果显示，同样开始减肥，写饮食日记的人减轻的体重是其他人的两倍，记录就是减肥成功的秘诀。如果每天同时坚持前文提到的体重测量，那么效果会更加明显。

第三，使用能够抵御食物诱惑的策略。确定自己喜欢食物到什么程度之后，选择实施适合自己的策略。贪吃的人更难抵挡食物的诱惑。如果知道自己喜欢吃什么，将有助于抵御诱惑。首先，通过问卷来确认自己有多喜欢吃。在下列 15 个问题中，勾选出符合自己想法的即可。勾选的越多，表明你越喜欢吃。

我有多喜欢吃？（The power of food scale^⑪）

1. 实际上，我在不饿的时候也会想起食物。　　　（　）

2. 吃比其他任何事情都使我快乐。　　　　　　　（　）

3. 当我看到自己喜欢的食物或闻到它的味道时，就会产生强烈的食欲。　　　　　　　　　　　　　　　　　（　）

4. 虽然容易发胖，但看到喜欢的食物，我总是难以忍受。（　）

5. 想到食物拥有支配我的力量，我就害怕。　　　（　）

6. 如果得知我能吃到美食，自然就会想吃。　　　（　）

7. 我非常喜欢某种食物，即使知道它对身体不好也会吃。（　）

8. 我一吃到喜欢的食物，就会期盼下次再吃。　　（　）

9. 我在吃美食的时候，会重点关注其味道有多好。（　）

10. 我在日常生活中偶尔会有突然想吃某种食物的冲动。（　）

11. 我对吃的热爱超过了大多数人。　　　　　　　（　）

12. 如果有人在介绍某种佳肴，我会很想吃。　　　（　）

13. 我的脑海中好像充满了食物。　　　　　　　　（　）

14. 我很重视吃得尽兴。　　　　　　　　　　　　（　）

15. 在吃我喜欢的食物前，我会流口水。　　　　　（　）

分析自己对食物的诱惑有多少抵抗力。如果勾选 8 个以上，就说明你喜欢吃，要注意避免暴饮暴食。

接下来介绍 6 种抵御食物诱惑的策略^⑫。在以下选项中，勾选出适合自己的策略。

1.回避诱惑：抵御不健康食物诱惑的策略

（1）如果我在市内，那么我不会经过快餐店。　　（　）

（2）如果我经过面包店，那么我不会看橱窗里陈列的东西。

　　　　　　　　　　　　　　　　　　　　　　（　）

（3）如果我去超市，那么我会避开糖果专柜。　　（　）

（4）如果我感到无聊，那么我会远离厨房。　　　（　）

2.控制诱惑：靠近健康食物，远离不健康食物的策略

（1）如果我想吃，那么我会吃一点，把剩下的拿开。　（　）

（2）如果我看电视，那么我会把点心放在自己够不到的地方。

　　　　　　　　　　　　　　　　　　　　　　（　）

（3）如果我玩电脑，那么我会把有益健康的食物放在触手可及的
地方。　　　　　　　　　　　　　　　　　　　（　）

（4）如果我想吃糖果，那么我会吃一点，剩下的放到远处。

　　　　　　　　　　　　　　　　　　　　　　（　）

3.分散注意力：将诱惑转移到他处的策略

（1）如果我觉察到糖果带来的诱惑，那么我会转移注意力。

　　　　　　　　　　　　　　　　　　　　　　（　）

（2）如果我想吃什么，那么我会给朋友打电话。　（　）

（3）如果我在晚饭前饿了，那么我会关注正在做的事情。（　）

（4）如果我一时冲动想吃糖，那么我会找其他事情做。（　）

4.视而不见、克制：有意识地减少思想、情感和冲动诱惑的策略

（1）如果我路过一家面包店，那么我会忽略美食的气味。（　）

（2）如果我想吃不健康的食物，那么我会对自己说"不"。（　）

（3）我要用意志力远离对身体不好的零食。　　　　（　）

（4）如果我去一个有很多零食的聚会，那么我会忽略食物。（　）

5.制订目标：描述健康饮食习惯目标的策略

（1）我计划带水果去单位或学校。　　　　　　　　（　）

（2）我与自己约定一天吃几颗糖。　　　　　　　　（　）

（3）如果我想吃点心，那么我就先吃水果。　　　　（　）

（4）我为自己树立一个健康的饮食目标。　　　　　（　）

6.深思熟虑：通过自我检查聚焦目标的策略

（1）如果我想吃零食，那么我会努力让自己意识到零食不利于健康。　　　　　　　　　　　　　　　　　　　　（　）

（2）如果我觉察到要暴饮暴食，那么我会考虑为了消耗热量做多少运动。　　　　　　　　　　　　　　　　　　（　）

（3）如果我想吃零食，那么我会记住自己想保持迷人的形象。

　　　　　　　　　　　　　　　　　　　　　　　（　）

（4）如果我想吃不健康的食物，那么我会想自己是不是真的渴望。　　　　　　　　　　　　　　　　　　　　　（　）

在上述 6 种策略中，选项勾选最多的就是适合你的策略，然后将该策略应用到 WOOP 中即可。因为大部分选项都是"如果……那么……"的结构，所以可以将该模板直接应用到 WOOP 的"考虑障碍"和"计划"阶段。记住吃过的食物，积极实践战胜食物诱惑的策略，减肥就会变得容易很多。

◆ 28 当要做的事情很多，时间却不充足时

缺的不是时间，而是"时间效率"

一个后辈很无奈地说道："我工作了一整天，却什么都没做成。可有些工作这周内必须要完成，好担心。"

"没错，一天过得可真快。"我也附和道。结束一天忙碌的工作，却发现做的事情没有想象中的多。这种情况比比皆是。

韩国的上班族工作时间很长。截至 2017 年，韩国的年平均工作时间为 2024 小时，在 OECD 成员国中仅次于墨西哥，比 OECD 成员国的平均值 1746 小时多出 278 小时，相当于多出 35 天（以每天工作 8 小时为标准）。韩国上班族虽然做的工作很多，但劳动生产率却偏低。据 OECD 统计，韩国上班族

每小时的劳动生产率为 34 美元，在 OECD 的 36 个成员国中位列第 29。位列第一的爱尔兰为 86 美元，是韩国的 2 倍以上[13]。韩国人虽然工作时间很长，但劳动生产率却在大幅下降。

年平均工作时间（2017 年）		每小时劳动生产率（2017 年）	
墨西哥	2257	爱尔兰	86
韩国	2024	美国	64
美国	1780	OECD 平均	48
OECD 平均	1746	日本	42
日本	1710	韩国	34
德国	1356	墨西哥	49
单位：小时		单位：美元	

如何提高生产率呢？虽然组织层面上也有亟待解决的课题，但我在这里要说的是个人层面上可改善的专注力问题。

专注力是指在一件事情上倾注所有能量的能力。在工作中，我们把专注力发挥到了何种程度呢？一项问卷调查结果显示，80% 的上班族都在开小差，忘记了自己从事的工作。所谓开小差包括接打私人电话、确认手机信息、社交、网络搜索、玩手机游戏、购物等。也就是说，我们刚要专注于做某事，就会因来电或信息而无法集中精力做手头的事情。

一个研究小组为了研究工作中的小插曲会对上班族产生什么影响，要求证券经纪人、计算机科学教授、网页设计师、软件开发者、游艇推销员等各种专业人士在 1 周内填写工作日志，内容是记录各自的工作内容和工作时间。1 周后分析工作日志发现，上班族在工作过程中经常会被电子邮件和电话等干扰，其中也有与工作相关的电子邮件和电话。由于手头工作被打断，所以上班族需要花更多时间重新集中注意力。结果显示，参与研究的上班族因为工作中的小插曲难以做到专注[14]。

我们可以把时间比作银行，这个银行每天会转给每个人 8.64 万元。一天结束后，账户余额就会被清零。24 小时换算成秒就是 8.64 万秒，我们每天就拥有 8.64 万秒，再有钱的人也得不到更多的时间，这是平均分配给我们每个人的珍贵资源。归根结底，如何利用好时间才是关键。

有效的时间管理

"成就从拥有自己的时间开始。"

正如彼得·德鲁克所说，时间管理与成就息息相关。很多研究表明，有效的时间管理对学习成绩、创新能力和工作业绩都有积极的影响，因为它会帮助人们把经过有效管理得来的时间用在有价值的地方。尽管如此，很多人还是不会管理时间[15]。那么，如何才能管理好时间呢？

第一，抓住"时间小偷"。如果事情没有按计划进行，就有必要检查是否有干扰事项了。如同千里之堤溃于蚁穴一样，5 分钟以内可以完成的小事堆积起来，就会耗费大量时间。所以要寻找偷走宝贵时间的"时间小偷"。为了寻找时间小偷，我们要利用几天时间记录下每天的工作。虽然麻烦，但这是为抓住时间小偷进行的投资，这样想就不会觉得麻烦了。从工作记录中我们可以发现，经常出现的时间小偷有智能手机、电子邮件、网络搜索等。我们生活在一个诱惑比过去更多的数字化时代，每天通过智能手机和网络享受着聊天工具、社交媒体、游戏、购物等带来的乐趣。工具虽方便，但用过了头就会造成危害，所以需要我们理智使用。

找到了时间小偷，就需要制定相应的对策。我首先想到的是电子邮件，随时接收的电子邮件，可能很难使你集中注意力。一项研究结果显示，上班族每天用于确认电子邮件的时间占工作时间的 25%[16]。假设工作时间为 8 小时，就相当于两小时都在查看邮件，可见时间并不短。在邮件多的时候，与其随时确认，还不如定时确认，这样将更有效率。随时确认邮件，会使注意力难以集中，因此我们需要减少确认邮件的次数。

如果门户网站分散了你的注意力，不妨将主页设置为其他网站，而不是门户网站。门户网站里有新闻等诸多可看的信息，可能会分散你的注意力。另外，不使用电脑时，关掉电脑显示器也是个好办法。如果是智能手机聊天工具或社交媒体，只要关掉通知提醒，就可以集中精力工作或学习了。

第二，**选择并专注**。因为要做的事情很多，时间又不充裕，所以首先要确定事情的优先级。曾任美国总统的艾森豪威尔在确定事情优先级时，以重要性和紧急性为标准，将事情分为 4 种类型：重要且紧急的事情排在第一位；不重要且不紧急的事情排在第四位。剩下第二位和第三位，艾森豪威尔建议先做重要但不紧急的事情。每个人的情况不尽相同，根据自己的情况做决定即可。如果不清楚，可先做重要的事情。因为如果真的是紧急的事情，就不可能模棱两可。

确定好了事情的优先级，就该集中注意力了。为了集中注意力，可以先整理书桌或周围的环境。如果环境杂乱，注意力就会被分散。美国一项研究结果显示，如果在职场里长时间身处没有整理的办公桌前或脏乱的环境中，大脑功能和认知能力就会下降[17]。指导此项研究的约瑟夫·格日瓦奇（Joseph Grzywacz）博士建议，要经常打扫办公室，营造干净的环境。

第三，**获取空闲时间**。这个世界不会让你随心所欲，意料之外的事情随时都会发生。研究结果显示，每个人大约需要 30% 的空闲时间。为获取空闲时间，我们必须事先计划好日程，最好能确认以下事项：我要做的事情是什么？做这件事情需要多久？截止时间是什么时候？有出现问题的可能性吗？出了问题怎么应对？[18]

为应对可能出现的问题，我们需要准备 WOOP 四步法。如果在发生紧急情况之前做好预防或做好应对此类情况的方案，那么在发生紧急情况时就能有效应对。实验也证实，WOOP 四步法对管理时间很有帮助[19]。

在一次实验中，参与的大学生们被分成两组。随后，研究者将 WOOP 四步法介绍给 A 组成员，并要求他们进行运用，1 周后对这些大学生进行了关于时间管理的问卷调查。结果显示，A 组的时间管理水平提高了 15%，而 B 组却完全没有提高。可见，只要获取空闲时间，灵活运用 WOOP 四步法，就能在一定程度上有效应对意想不到的情况。

实战指导

我的时间管理水平怎么样？

为了有效管理时间，有必要了解自己现在的水平。让我们来看看以下选项是否全面地反映了你的情况。

1 完全不是	2 不是	3 一般	4 是	5 完全是

1	我会提前计划今天要做的事情	
2	我会按部就班地做事	
3	我在开始工作前，会思考所需的时间或工作方法等	
4	我通常以1周为单位安排日程	
5	我会按照自己制订的计划安排时间	
6	如果事情未按计划进行，我会修改计划	
7	我很重视我的各种角色和责任	
8	我会评价自己是否按照计划度过了一天	
9	我正在稳步实现人生的长期目标	
10	我会为自身的发展投入时间	
	合计	

来源：申成哲，《警察公务员的时间管理行为对组织有效性造成的影响》

※ 评分方法：求各项分数的总和。
· 36分以上：时间管理得很好。
· 26～35分：时间管理得一般。
· 25分以下：时间管理有待改善。

◆ 29 改掉坏习惯时

利用竞争反应

研究生曼迪有一个苦恼：从青春期开始，咬指甲的习惯就一直困扰着她。但凡她开始咬指甲，就会咬到出血为止。为了改掉这个习惯，她试过在指甲上涂指甲油等，费尽了心思，却都以失败告终。曼迪从未接受过专家咨询，经过一番思想斗争，她决定前往美国密西西比州州立大学的咨询室寻求帮助[20]。

咨询师与她进行了与咬指甲无关的日常对话，在谈话过程中曼迪一直在咬指甲。

"看你在咬指甲，是有点紧张吧？"

咨询师这么说是为了使曼迪意识到自己在咬指甲的事实。稍后，两人谈起了咬指甲的话题。咨询师请曼迪描述下咬指甲的行为，曼迪表示如果感到紧张，自己就会咬指甲。随后，为了解曼迪何时会咬指甲，咨询师让她置身于咨询室不同的场景下。经过观察发现，曼迪在独处或看电视时经常会咬指甲。

咨询师决定采用"习惯逆转训练"（habit reversal training）。咨询师告诉曼迪训练方法，并给她布置了作业。当曼迪觉察到紧张时，就记录在随身携带的卡片上。1周后，卡片上有28个记录，主要是曼迪在看电视或上课紧张时记录下来的。

咨询师给曼迪介绍了竞争反应，也就是当她感到紧张时，就做出其他动作，不让手伸进嘴里。例如，握笔或把手放进口袋的动作都是很好的竞争反应。当曼迪感到紧张时，就记录在卡片上，如果通过竞争反应战胜了现有习惯，就另行标记出来。那么曼迪改掉咬指甲的习惯了吗？

为期1个月的训练成果令人震惊。首先，曼迪的手指甲变长了。刚开始时10个手指的指甲总长度为10.5厘米，但1个月后长到了14.5厘米。其次，曼迪咬指甲的次数也减少了。曾经1周咬28次指甲的曼迪，在开始习惯逆转训练的1周内，有10次感到紧张时只咬了3次指甲，意味着曼迪有7次通过竞争反应战胜了习惯。第4周，她有3次觉察到紧张想咬指甲，可她却只咬了1次。可见她4周内发生了巨大的变化，最终改变了习惯。

习惯逆转训练不仅能治疗强迫症，还能治疗抑郁症等疾病，帮助戒除烟瘾、赌瘾等[21]，而且对治疗抽动秽语综合征也有帮助。在一项研究中，研究者将 126 名患有抽动秽语综合征的儿童分成两组，A 组接受了习惯逆转训练，B 组接受了一般教育。10 周后症状得到改善的比例是 A 组 52.5%，B 组 18.5%，接受习惯逆转训练的 A 组是 B 组的两倍以上。

改变行为的习惯逆转训练主要由 3 个阶段组成。**第一，自我觉知训练**。这是习惯行为发生之前，发出自我认知信号的过程。曼迪通过观察发现，在咬指甲之前会觉察到紧张，通过感受和记录紧张感，可以提高自我觉知能力。**第二，竞争反应**。这是在接收习惯信号时，实施其他行为的训练。曼迪通过竞争反应减少了咬指甲的次数。**第三，放松训练**。通过深呼吸等方式缓解紧张，这是逆转后维持习惯的过程。

查尔斯·杜希格在《习惯的力量》中介绍了几个习惯逆转训练的例子。例如，如果想戒掉吃零食的习惯，可以利用走碎步或上网 3 分钟等竞争反应[22]。

改变习惯的训练

我想改掉跷二郎腿的习惯，这是我从学生时代开始的根深蒂固的习惯。有一天，我无意间发现自己跷着二郎腿。比起坐着不动，跷二郎腿好像更舒服。但跷二郎腿的姿势并不利于健康，会让骨盆带动脊柱旋转，造成肌肉拉伸，使脊柱受到伤害，严重时甚至会导致脊柱侧凸。如果长时间跷着二郎腿，会压迫腿部，导致血液循环不畅，严重的还会引起下肢静脉曲张。另外，胃肠也会因受到压迫而扭曲，导致消化不良和腹胀。

我知道跷二郎腿的习惯不好，也多次试图改掉这个习惯，但是并没有想象中那么容易。因此，我抓住了习惯逆转训练的机会，希望把经过验证的训练方法运用到自己身上。我认为只有亲身经历过，才能自信地推荐给其他人。

首先，从自我觉知训练开始。我需要观察自己在什么时候、有何感觉时跷二郎腿。结果我发现自己在办公室和在地铁里坐着的时候，经常会跷二郎腿。无论在哪里，只要感到空虚，我就会跷二郎腿。每当此时，我就会用手机应用记录下来。我每天平均有 5 次以上会接收到想跷二郎腿的信号。

接着，我练习了竞争反应。如果接收到想跷二郎腿的信号，我就会用手按住膝盖或暂时从椅子上站起身。每当想跷二郎腿的时候，我就会表现出竞争反应，跷二郎腿的次数也随之逐渐减少。1 周后，想跷二郎腿的信号减少到每天一两次，10 天后我几乎不跷二郎腿了。

现在怎样了呢？两年后的今天，我偶尔也会接收到想跷二郎腿的信号，但是可以有效应对，所以不用担心。接收到想跷二郎腿的信号后，我会有竞争反应。就这样，持续数十年的跷二郎腿习惯，通过习惯逆转训练得以改变，这让我感到十分满足。

我希望把这种训练方法分享给周围的人。正好我遇到了想改掉咬嘴唇习惯的人，于是向他介绍了习惯逆转训练，并在 2 周后收到了他的邮件。他在第一阶段自我觉知训练中发现，每当专心思考或专注于某事时，他就会不由自主地咬嘴唇。他意识到自己并不是经常咬嘴唇，而是在特定的场景下才会这样。现在通过习惯逆转训练，他的咬嘴唇习惯逐渐改变，为此他感到非常满足，并向我道谢。我很高兴自己实践产生效果后推荐的方法能帮到他，同样也希望能帮到大家。

我们切不可因为改变了习惯就掉以轻心，要在虎视眈眈、伺机反击的旧习惯前守护新习惯。旧习惯会在我们倍感压力、意志力薄弱或暴露在过去熟悉的环境中时试图反击。所以我认为有必要将旧习惯的反击机会扼杀在萌芽中。另外，习惯逆转训练虽然是很有效的方法，但不是灵丹妙药。如果吸烟、饮酒、药物依赖等习惯无法通过习惯逆转训练改变，那么最好寻求医生和咨询师等专家的帮助。

◆ 30 当被信用卡账单吓倒时

怎样才能抵抗诱惑?

我每个月都有一天会被吓一跳,这就是收到信用卡账单的日子。明明自己没花多少钱,一看到账单,却发现支出超出了预期。为核实是否有误,我仔细查看账单,却分明都是自己所花。我认为这源于不知聚沙成塔的道理,于是决心从下个月开始减少开支,以抚慰我空虚的内心。有趣的是,上个月我也下过这种决心。

查看信用卡账单时,我发现了自己冲动购物的痕迹。原本我没有购物的想法,却只因闲逛或看到一则广告而突然决定购物。以前我会去卖场触摸产品,或者去超市试吃,亲身体验后才会购买,而如今不必出门,就可以通过电视购物频道、网络、手机随时随地购物。随着技术的发展，购物变得十分方便，冲动购物的机会也随之增多。

我们都知道，在语言中理解了一个词的反义词，就会更加明确这个词的含义。冲动购物的反义词是计划购物。也就是说，冲动购物是指不在计划中，却因为受到强大的购物欲望驱使而突然购物的行为。因此，人在冲动购物时，不会考虑太长时间，而是会迅速做出决定，来不及考虑购物行为对自己的影响。韩国一项关于冲动购物的研究结果显示，相对于 30～40 岁的人和已婚者，20 多岁的人和未婚者冲动购物的倾向性更强。

另外，比冲动购物更可怕的是强迫性购物。冲动购物只是偶尔一次，而强迫性购物则与负面情绪有关，是持续、反复发生的行为。强迫性购物虽然能够让人得到一时的满足，但是会对自己乃至周围人造成长期的伤害。这种强迫性购物者比想象的要多得多。韩国一个研究小组以女大学生为对象进行的调查结果显示，489 名参与者中有 16% 是强迫性购物者[23]。

强迫性购物者并非真的需要那个东西才会购买。通过研究小组与强迫性购物者的面谈内容，我们可以了解他们的购物理由。

"当我感到沮丧或无聊时，我就会想买新东西。购物能让我心情变好，我会感到兴奋和幸福。其实我并不需要我买的那个东西，但是偶尔买完东西后，我还会希望再买一个。"

可见他们并不是真的想要购物，而是希望通过购物转换心情。强迫性购物者在购买东西的过程中会得到瞬间安慰，但随之而来的是负罪感、抑郁、自尊感低下等负面情绪。为了克服负面情绪，他们会再次陷入强迫性购物的恶性循环中[24]。

人们也试图通过各种方式减少冲动购物和强迫性购物。可以从成本角度考虑，告诉自己如果购买这个东西，支出会超出这个月的预算。还有一种方法是从购买行为带来的负面后果考虑，如想购买食物，就可以想象买来吃掉就会长胖等[25]。相对于强迫性购物，这种利用意志力的方法对减少冲动购物更有效果。

对意志力和冲动购物实证的研究结果也证明了这一点。首先，研究者将参与者分成两组，给 A 组播放无声视频，并要求他们不准看画面。在强忍不看画面的过程中，参与者的意志力会消耗殆尽。同样，研究者也给 B 组播放视频，并允许他们随意观看。看完视频后，让两组人在书店和超市购物，结果 A 组消费的金额要高于 B 组。因为在看不到自己想看的视频期间，A 组的意志力已消耗殆尽。也有研究结果显示，只想象自己想吃的食物，也会消耗意志力，进而会在购物时花掉更多的钱[26]。同样，韩国的一项研究结果也显示，不擅长管理意志力的人比擅长管理意志力的人更容易冲动购物[27]。

想进行合理的消费，就要对各种物品进行比较。如果缺乏意志力，就会厌烦比较，那么就会在"要么最好，要么最便宜"之间进行简单的选择。当人的意志力消耗殆尽，进入自我损耗的状态时，就会难以抵御以下几种诱惑[28]。

第一，特定情境下的诱惑。相对于商品，会因为喜欢某种环境或氛围而购物。第二，引诱。因为认为带有赠品的商品更有魅力而购买。第三，打破常规。在多种备选方案中，选择打破常规的提案。归根到底，意志力不足会增加冲动购物的可能性。

智慧消费的习惯

合理消费是提振经济的一种行为，但是要控制超越自身能力的冲动消费。抑制冲动购物的基本做法是提高和保持自己的意志力。下面介绍 3 种既忠于本能，又能合理消费的习惯。

第一，记录开支。

"啊，好像我也没怎么花钱，不知道钱都花到哪里去了……A 卡 130 万韩元，B 卡 120 万韩元，C 卡 50 万韩元，D 卡 20 万韩元。唉，领到工资就全部用于还信用卡了。我也没有花天酒地，就是海外代购了几次，结果搞得焦头烂额。"

这是某个上班族发表在社区论坛的一段文字，下面还有很多留言。有人认为自己的情况与其很相似，也有在家待业希望拿到类似工资的人。其中，一则留言引起了我的注意。

"我的开销经常会达到 200 万韩元左右，但自从开始记账，我省了 100 万韩元。我推荐记账，这样可以减少不必要的花销。"

记账可以帮助人们了解自己的消费模式，减少不必要的支出。心理学家梅甘·奥腾和肯·程让参与研究的大学生们在 4 个月里一直记账，并要求参与者们克制自己，减少外出就餐、看电影等计划外的支出[20]。参与者们把自己的购物明细全部记录下来。4 个月后分析发现，记账学生们的消费逐渐减少，储蓄持续增加。在记账之前，他们能存下收入的 8%；而在 4 个月后，他们存下了收入的 38%。可见记账行为有助于财务管理。

在参与研究的 4 个月里，学生们不仅财务状况有所好转，吸烟和饮酒的次数也有所减少。可见，反复记录和确认支出的行为，不仅提高了意志力，还对其他习惯产生了积极影响。在实际生活中，我们可以利用智能手机应用软件轻松记账。如果记账困难，也可到信用卡网站主页确认支出明细。

第二，保持平常心。

情绪对冲动购物有很大影响。冲动购物经常发生在心情好的时候。研究结果显示，85% 的消费者产生积极情绪时冲动购物的频率高于产生消极情绪时冲动购物的频率[30]。

情绪高涨或低迷时，大概率也会想购物。积极的情绪会增加冲动购物，消极的情绪会导致强迫性购物。压力大的时候也要小心，压力增大时，消费行为就会增多。针对压力和消费行为进行的研究结果显示，压力增大会导致购物、饮酒、赌博等行为增多[31]。当过于兴奋或压力过大导致冲动购物或强迫性购物时，我们要努力找回平常心。

传说古以色列－犹太王国的大卫王希望制造一枚戒指来控制自己的情绪。他命令工匠在制造的戒指上刻一句话，这句话要能使自己在获胜时不骄傲自满，绝望时不感到挫败。工匠虽然制成了戒指，却不知道该在戒指上刻什么内容，于是向所罗门王子求助。拥有大智慧的所罗门王子建议工匠刻上"这一切都将过去"，大卫王看后非常满意。如果是我们，可以通过深呼吸或喝茶来保持平常心，这样有助于合理消费。

第三，整理周围环境。

购买行为是一种习惯，环境会影响习惯的反复。整理好周围的环境，可以减少冲动购物。英国的一项研究结果就证明了这一点[32]。参与研究的150名大学生被随机分配到3种不同的环境中：A组被要求坐在放满纸张、水瓶、纸杯等物品的杂乱无章的书桌前；B组被要求坐在文具被摆放整齐的书桌前；C组则被要求坐在什么都没有的书桌前。参与者们对着书桌看了一阵后，研究者向他们分别展示了最高级的电视、空调、冰箱、旅行券、餐券等，并询问他们为得到该商品可以支付的最高金额。结果，A 组中冲动购物者多于 B 组和 C 组。可见，未整理的环境会大量消耗人的意志力，引发冲动购物。让我们看看自己的周围，有没有需要整理的东西。有时，一个小举动可以发挥巨大的影响力。

实战指导

我的冲动购物倾向水平

为了合理消费，我们需要了解自己的冲动购物倾向水平。
请确认以下选项与自己的情况的符合程度。

1 完全不是	2 不是	3 一般	4 是	5 完全是

1	我在购物前不会提前计划	
2	我在购物前不考虑是否必要	
3	我不会认真计划购物	
4	我偶尔会不加思考地购物	
5	我购物有时不是因为需要这个东西，而是因为喜欢购物本身	
6	我会不顾后果地买我喜欢的东西	
7	我会根据当时的心情购物	
8	我认为自然地生活很有趣	
9	我是一个内心温暖、有共情能力的人	
10	我是一个对新鲜经验持开放态度的人	
合计		

来源: A. J. Badgaiyan, A. Verma & S. Dixit, "Impulsive buying tendency — Measuring important relationships with a new perspective and an indigenous scale"

※ 评分方法：求各项分数的总和。
· 36分以上：冲动购物倾向水平偏高。
· 26～35分：冲动购物倾向水平一般。
· 25分以下：冲动购物倾向水平偏低。

◆ **31 当挑战戒烟时**

无法切身感受危害性有多大

成功戒烟并不容易。韩国保健社会研究院称，1 年内成功戒烟的比例为 18%，两年内保持戒烟状态的比例仅为 13%。据统计，美国每年有数百万人试图戒烟，但在 1 个月内就失败的有 81%。在英国，1 周内失败的有 75%[33]。可见，并非只有韩国人难以戒除烟瘾。

吸烟是一个很难戒掉的习惯。戒烟者不仅要控制吸烟行为，还要克服尼古丁中毒导致的烟瘾。尼古丁可以促使大脑分泌多巴胺，而多巴胺是一种使人心情愉悦的神经递质[34]。

多巴胺会令你的情绪变好，一旦反复出现这种感觉，你就会逐渐希望得到更多的多巴胺。如果多巴胺不足，就会出现不安和烦躁等成瘾症状。与其他物质相比，尼古丁是一种成瘾药物，大多数吸烟者都对尼古丁有依赖性[35]。像吸烟这样的中毒性习惯比其他习惯更难改掉。因此，戒烟者需要循序渐进地进行挑战。如果希望改变吸烟行为，就要改变想法。首先，来看看人们对吸烟的误解[36]。

误解一：吸烟可以消除压力。

吸烟会促使大脑分泌多巴胺，使心情暂时好转。但过一段时间，随着多巴胺浓度降低，吸烟者就会出现不安和注意力下降的成瘾症状。吸烟似乎能暂时缓解压力，但说到底却是造成压力的原因。

误解二：吸烟有助于减肥。

也就是说，如果戒烟体重就会增加。虽然戒烟会使体重增加，但这也只是一时的现象。即使因戒烟导致体重增加，也改变不了一个事实，那就是持续吸烟带来的危害高于短期体重增加。吸烟并不是调节体重的方法。

"明天开始我要戒烟。"当转瞬即逝的诱惑和长期的目标发生冲突时，很多人会选择转瞬即逝的诱惑。人们会忽略一个事实，那就是选择诱惑最终会伤害自己。

"抽一根烟能马上发生什么？舒服地抽上一根，心情当然好了。"这是一个吸烟的朋友说的一句话。吸烟者都知道香烟对健康有害，但他们并不清楚香烟的危害究竟有多大。对香烟的危害有明确的认知也有助于戒烟。

要想成功戒烟，必须承认戒烟的必要性。吸一根香烟似乎对健康没有太大的影响，这和学习一天并不能显著提高实力是一个道理。从短期来看，小诱惑不会被认为是大问题。为了认清吸烟的诱惑，要把目光放长远㊼。只有这样，吸烟者才能意识到吸烟对健康有多大的影响。吸烟是一种习惯，因此即使不努力，可持续性也很大。如同滴水穿石，一根又一根的香烟持续吸下去就会危害健康。因此，吸烟者要从长远的角度看问题，探索有效的戒烟方法。

有助于戒烟的方法

吸烟比其他习惯更难戒除。如果仅凭意志力难以成功戒烟，就有必要到戒烟诊所或医院寻求专家的帮助。但无论是自己戒烟，还是寻求专家的帮助，都需要意志力，管理意志力是戒烟的基础。下面介绍一种利用意志力抑制吸烟欲望的方法。

第一，实施 if-then 计划。一个烟龄有 20 年的朋友成功戒了烟，我问他戒烟成功的秘诀是什么，他答道："我喝酒的时候最想抽烟，每到那个时候，我会想起自己曾承诺孩子们要戒烟。"

这位朋友的话类似于 if-then 计划。心理学家克里斯托弗·阿米蒂奇（Christopher Armitage）首次将 if-then 计划应用于戒烟[38]。在一项有 193 名吸烟者参与的研究中，部分吸烟者得到了阿米蒂奇开发的"if-then 戒烟计划"，并被要求应用该计划。结果，应用了该计划的小组中 19% 的吸烟者成功戒烟，而未应用该计划的小组成功率仅为 2%，前者几乎是后者的 10 倍。

阿米蒂奇于 2016 年发表的另一项研究结果同样显示，实施 if-then 计划的人戒除烟瘾的可能性会更高。即使是那些制订了 if-then 计划但未能成功戒烟的吸烟者，他们的吸烟量也减少了 37%[39]。可见，if-then 计划有助于改变吸烟等难以改变的习惯。下表是阿米蒂奇的 if-then 计划内容。

诱惑情境 （如果我……的时候想吸烟）	应对行为 （我会……）
在酒吧喝酒	想其他的事情
烟瘾犯了	告诉自己可以戒掉烟瘾
感到心烦	思考戒烟的好处
和吸烟的朋友在一起	想起不吸烟者的权利
感到幸福和快乐	记住对健康有害的警告
非常生气	拿开能让自己想起香烟的东西
和朋友聊天、喝咖啡	找个愿意和自己聊戒烟的人
感到戒烟太难	思考新闻里的禁烟信息
清晨起床	思考以不吸烟者为主的社会变化
压力过大	找件吸烟之外的事情做

上页表中左栏是想吸烟的各种情境，右栏是在该情境下的具体应对行为。从表中选出符合自己的情境和应对行为，创造出实施意图，将会对你有所帮助。

第二，采用事前准备策略。这是为了抵御吸烟的诱惑而提前准备的方法。菲律宾研究者对吸烟者进行了一项有趣的研究[40]，研究者要求一部分吸烟者与银行签订合同，合同内容是这样的："1 周 1 次，每次存下自己想存的金额。6 个月后，如果尿检发现尼古丁，就把银行存款全部捐给慈善机构。"

在这 6 个月里，有一半以上的人选择中途放弃。尽管如此，该方法还是对戒烟起到了作用。接受该合约的戒烟者相对于其他戒烟活动的参与者，戒烟成功率高出 40% 以上。可见，往银行存款这一事前准备工作，有助于抵御吸烟带来的诱惑。

我们经常能看到的禁烟区域也采用了事前准备的方法，禁止吸烟的空间越多，吸烟率就会越低，可以说是一个有效的事前准备措施。此外，把能够联想起香烟的东西从自己的周围移开，或把香烟留在家里而自己外出也是个好办法。如果和志同道合的朋友或同事一起尝试戒烟，成功概率也会提高。另外，给戒烟成功者发放一定金额的奖金也是不错的策略。

第三，管理压力。戒烟时切忌松懈。就算一直保持良好的戒烟状态，也可能会突然功败垂成。特别是人在喝酒的时候，要格外小心。想保持戒烟状态，就要仔细关注自己。喝酒会影响自我认知过程，让人很难关注自己的行为，进而增加吸烟行为。

戒烟者要注意管理压力。很多人在压力大的时候，会一边喝酒一边吸烟。嚼口香糖或摄取少量咖啡因会提高戒烟成功的概率。通过做伸展运动缓解紧张情绪也是很不错的方法 [41]。此外，运动或参与感兴趣的活动也能有效缓解压力。

一天，我一个成功戒烟的朋友发来了他在浮潜的视频，还附上了文字："新开始的运动为戒烟做出了贡献。"

我的尼古丁依赖度

下面是尼古丁研究专家卡尔·法格斯特罗姆（Karl Fagerstorm）博士设计的"尼古丁依赖度检验问卷"。

请勾选以下符合自己情况的选项，汇总所得分数。

1. 你早晨起床后多久抽第一支烟？

☐5分钟以内（3分）
☐6～30分钟（2分）
☐31～60分钟（1分）
☐60分钟以后（0分）

2. 在地铁、公交车站、电影院等禁烟区域，你也很难抗拒吸烟的欲望吗？

☐是（1分）
☐不是（0分）

3. 你最不愿放弃的香烟，换句话说，你最喜欢的香烟是什么？

☐清晨第一支香烟（1分）
☐其他香烟（0分）

4. 你每天吸几支烟?

☐ 10 支以下（0 分）
☐ 11 ～ 20 支（1 分）
☐ 21 ～ 30 支（2 分）
☐ 31 支以上（3 分）

5. 你起床后几小时内吸的烟比之后吸的烟多吗?

☐ 是（1 分）
☐ 不是（0 分）

6. 当你患病卧床一日或身患感冒、流感而呼吸困难时也想吸烟吗?

☐ 是（1 分）
☐ 不是（0 分）

※ 评分方法：求各项分数的总和。
·0 ～ 3 分：依赖程度低，自己也可以挑战戒烟。
·4 ～ 6 分：依赖程度中等，戒烟时，需药物配合。
·7 ～ 10 分：依赖程度高，需要寻求专家的帮助。

来源：安熙京，李华珍，郑道植，李善英，金圣元，姜载宪，《尼古丁依赖度检验问卷的信度及效度》（韩语版）

◆ 32 当想给自己充电时

习惯能创造时间

obsoledge 是未来学家阿尔文·托夫勒（Alvin Toffler）创造的词，该词是"过时"（obsolete）和"知识"（knowledge）的组合，表示"没用的知识"。知识也有保质期，需要在过期前更新。

放射性元素在衰变过程中，其放射性核的数目衰变到原有的一半需要的时间，被称为半衰期，这个概念也适用于知识。在我们已知的知识中，半数被确认为错误所需的时间便是知识的"半衰期"。

计算机科学家塞缪尔·阿贝斯曼（Samuel Arbesman）在《知识的半衰期》（*The Half-Life of Facts*，即简体中文版的《失实》）一书中介绍了多个领域知识的半衰期。基础知识的半衰期：物理学为 13 年，经济学为 9 年，心理学和历史学为 7 年。应用知识的半衰期比基础知识短得多。在技校获取的知识的半衰期为 3 年，通过电脑获取的知识的半衰期仅为 1 年[42]。阿贝斯曼还主张，知识的半衰期正在逐渐缩短，真是雪上加霜。

曾经，我们靠在学校里学的知识过一辈子，而现在没过几年，所学的知识大部分就会变成没用的知识，即使获得博士学位也一样。书店里不断出现有助于自我提升的书籍，甚至还会出现 saladent 一词。所谓 saladent 是由"职员"（salaried man）和"学生"（student）合成的单词，一般指为了自我提升而不断学习的职场人士。

韩国一家就业门户网站的上班族问卷调查结果显示，715 名上班族中有 98.5% 认为有自我提升的需要，设计问卷调查的相关人士这样解释原因：

"职场人士需要自我提升，是为了消除在激烈的社会竞争中只有自己处于停滞状态的不安感，或是为了自我满足，或是为了退休、职业生涯中断后开启新生活，也可能是为了跳槽和晋升。"[43]

saladent 的不断增加意味着一种环境变化，即终身职场的概念逐渐消失。同时，代表终身职场的工作资历概念也在发生变化。比起传统工作资历中重视忠诚度和职务稳定性，如今工作成果和聘用可能性变得更加重要。只有拥有实力的人才能维持雇佣关系，才能被新的工作单位聘用。另外，公司不完全负责个人能力的提升，只是协助。我们生活在一个必须对自己的经历负责的时代。

分享一个我刚入职场时发生的故事。当时我从事教育工作，所以对自我提升的必要性很有共鸣，就下定决心要看书。但是我发现，如果我下班后在家看书，就没办法坚持30分钟以上。因为我太累了，所以经常看书看到打瞌睡。对我来说，书是强效安眠药。有时由于加班或公司聚餐，我很晚才回家，连书都没摸就会睡着，就这样日复一日。

有一天，我听到一个惊人的消息：在其他部门工作的同事以第一名的成绩通过了韩国劳资事务师考试。因为他同样经常加班和聚餐，所以更让我吃惊不已。最令人尊敬的是，他在百忙之中还能努力学习，最终达成了自己的目标。

在表示祝贺的同时，我还问了他一个一直困惑我的问题："你可真了不起。你那么忙，是怎么学习的呢？"

同事笑着答道："我一有空就学习。早下班的时候在家学习；晚下班的时候，第二天提前1小时上班学习。"同事的一席话令我很受刺激。比我还忙的同事都努力学习，这期间我又做了什么呢？忙于辩解的我不免自惭形秽。

很多人虽然认同自我提升的必要性，却苦于实践起来难而无法遂愿。一项调查结果显示，上班族认为自我提升的难点在于没有时间和毅力不够。也就是说，人们因为太忙，没有时间学习；或因为太累，所以很难学习。现实生活不易，如何才能有效地提升自我呢？

不断成长的方法

第一，利用碎片时间。可以是上下班时间、午餐时间或就寝前 10 分钟。我决定在上下班时间看书。因为地铁太拥挤，我把上班时间提早了 30 分钟。包括下班时间在内，我每天能看 1 小时左右的书。

如果每天看 1 小时的书，每周可以看 1 本书，每年就可以看 50 本书。我用这种方法在地铁上看了很多书，还获得了硕士、博士学位以及美国人力资源认证专家（PHR）资格。甚至你正在读的这本书也是由我在地铁上学习时获得的想法构成的。地铁对我来说就是写书、写论文、备考资格证书的图书馆。

公交车比地铁摇晃得厉害，看书时可能会头晕，智能手机则适合观看视频，有很多介绍书籍的短视频可供选择。对于自驾人群，我推荐有声读物。如同聚沙成塔，利用碎片时间，人生就会发生变化。

第二，从经验中学习。提升自我，没必要只从外部努力。人的一生会经历很多事情，这些经验带给我们的感受和反省，可以让我们学到很多东西。社会学家爱德华·林德曼（Eduard Lindeman）也曾强调："经验是最有价值的资源，也是活生生的教科书。"㊹我们每天反复的、看似琐碎的日常经验，也有可能成为珍贵的学习资料。但经验丰富并不意味着就能成长，只有从经验中学习，才能成长。

从经验中学习的好方法是写日记和冥想。通过写日记或冥想，可以回顾今天的经验，整理出做得好的和感到遗憾的事情，进而为明天做准备。如果今天出现失误，就可以反省未来应注意的事项；如果今天出现了难以理解的情况，就可以换个角度重新思考。

我的一位朋友从入职到现在已经写了 20 年的工作日记，不仅是为了记录。通过每天记录日记，他解读自己的经验，赋予其意义，并在此过程中不断成长，最终成为被公司认可的组长。写日记和冥想是学习经验的有效方法，是一种用不了 10 分钟的简单习惯。

如果你觉得一天投入 10 分钟都有负担，那么我介绍一种只需 1 分钟就能完成的方法，那就是入睡前问自己两个问题："今天最好的或最难过的经验是什么？从这些经验中，我感受到了什么，学到了什么？"通过这样简单的提问，你可以在经验中收获成长。

第三，共同成长。几年前，我和家人一起参加了一个读书夏令营活动。活动由韩国 3P 自我经营研究所赞助，历时三天两夜，参与者终日不做其他事情，只是单纯、持续地读书。一开始我很好奇，会有多少人参加这样的活动，后来看到竟有700 多人参加，我大为吃惊。一群人一起读书，居然使读书变得比平时更愉快了。

最近读书沙龙很活跃，成了一股潮流，也意味着通过读书和交流思想来实现自我成长的人越来越多。我们公司也从几年前开始为学习小组提供支持。所谓学习小组是指一组对特定主题感兴趣的员工，他们自发聚集在一起学习，由公司提供购买图书的费用。

总结参与者的感想，可以归纳为以下 3 点：与结果相比，在学习过程中能学到更多的东西；从其他参与者那里学到了很多东西；因为大家在一起，所以可以一直愉快地看书。

不难发现，我们的周边有很多读书小组、兴趣活动和教育项目。如果面对面的聚会活动令人感到有压力，可以参与线上讲座或聚会。和其他习惯一样，对于自我提升来说，众人一起比独自一人更有乐趣，也更具可行性。

◆ 33 实践出真知

想必你读这本书是为了养成一个好习惯，尤其是读到这里，证明你的意志力足以养成好习惯了。到目前为止，本书涉及很多内容，现在就到了该实践的时候了。实践出真知，以下是我为实践提出的三大阶段。

第一阶段：确认 ONE HABIT

根据构成 ONE HABIT 的各个项目来计划自己希望养成的习惯。虽然没必要把 8 种策略全部制定出来，但有必要对各个项目进行确认。

第一，选择你最想养成的习惯。这个习惯可以是你一直以来想养成的，也可以是看了本书突然想起的，但只能选1个，我们很难同时实践两个以上的习惯。如果你希望养成多个习惯，那么先确定好优先顺序，从第一个习惯开始。如果到现在你还未能确定想养成的习惯，那么可以选择提高意志力的习惯，或与自身优点有关的习惯。

第二，确定结果记录在哪里。记录最好使用日记本或手机上的应用软件，在自己每天方便记录的时候记录即可。记录的可行性和便利性很重要。然后要树立容易达成的目标，确定自己树立的目标是不是能够让自己一点点成长的、实实在在的目标，而不是展示给别人看的宏伟目标。如果你觉得这个目标很简单，就意味着它是合格的目标。

第三，检查其他项目。检查与新习惯相匹配的老习惯是什么，是否有一起养成习惯的同伴，你将如何激励自己。如果最好的方法难以实施，就退而求其次，选择其他合适的方法。如果现实生活中没有同伴，可以在网络上寻找同伴，并寻找适合自己的激励方式。另外，习惯的养成要从今天开始。你可以通过以下列表确认构成 ONE HABIT 的每个项目。

区分	需要思考的内容	我的计划
One, 只专注于一	你希望养成的一个习惯是什么?	
Note, 记录结果	如何记录和确认? (应用程序、日记本等)	
Easy, 制订简单的目标	容易做到吗? (如果有压力,就调整目标)	
Hurdle, 要考虑障碍	什么情况会妨碍你的行为习惯? 克服障碍的方法是什么?	
Attach, 跟着老习惯	与新习惯相匹配的旧习惯是什么? 旧习惯是每天都做的吗?	
Buddy, 和朋友一起做	你有一起养成习惯的同伴吗? (如果没有,可以使用应用程序或 社交媒体寻找吗?)	
Incentive, 奖励自己	如何激励自己? 为什么要培养这种习惯?	
Today, 从今天开始	能从今天开始吗? (如果有压力,就把目标调低)	

第二阶段:制订 WOOP 计划

检查构成 WOOP 的各个阶段,制订属于自己的计划。

愿望(wish)

·是可量化的计划吗?(确认数字或可行性。)

→我会努力做运动。(×) 每天计划跑 10 分钟。(○)

·是可以每日重复的习惯吗？

结果（outcome）

·培养习惯的最终目的是什么？

·当你想到结果时，心跳会加速吗？

障碍（obstacle）

·是否包括了主观上单纯不想做的情况？

·还有其他障碍吗？

计划（plan）

·是否运用了调整门槛或抵御诱惑的方法？

·是否计划好了要做的，而不是不要做的？

区分	内容
愿望	
结果	
障碍	
计划（if-then）	

第三阶段：利用习惯日历

到这一阶段就该实践了。每个人都会信誓旦旦地开始，但各种障碍会妨碍习惯的养成。如果在使用 WOOP 工具实施计划的过程中，遇到预想的障碍，那么按计划克服即可；如果遇到预想之外的障碍，可以在 WOOP 中增加新的障碍和克服计划；如果习惯已部分形成，就可以用前面介绍的"我的习惯强度如何？"问卷（第 153 页）确认习惯是否形成。英国伦敦大学学院的研究结果显示，25% 的参与者在 39 天内养成了习惯，50% 的参与者在 66 天内养成了习惯。即使 66 天过去了，你的习惯还没有养成，也不必着急，还有 50% 的参与者养成一种习惯需要 67 ～ 254 天。可见，一种习惯的养成时间可能会超过 6 个月。所以不要着急，坚持实践，都会有好结果的。

好的开始是成功的一半，从今天开始充满活力地养成习惯吧！

第 1～2 周： 充满活力地出发！第一次可能会尴尬，但慢慢就会习惯了													
1	2	3	4	5	6	7	8	9	10	11	12	13	14

第 3～4 周： 这可能是一个难以抵御诱惑的时期，请记住初心													
15	16	17	18	19	20	21	22	23	24	25	26	27	28

第 5～6 周： 在 39 天内养成习惯的概率是 25%。请保持冷静，继续下去													
29	30	31	32	33	34	35	36	37	38	39	40	41	42

第 7～8 周： 虽然看起来和上周差不多，但习惯在逐渐养成													
43	44	45	46	47	48	49	50	51	52	53	54	55	56

第 9～10 周： 在 66 天内养成习惯的概率是 50%													
57	58	59	60	61	62	63	64	65	66	67	68	69	70

第 11～12 周： 现在做得很好，坚持不懈很重要													
71	72	73	74	75	76	77	78	79	80	81	82	83	84

第 13～14 周： 大器晚成！慢慢养成的习惯开始扎根了													
85	86	87	88	89	90	91	92	93	94	95	96	97	98

第 15～16 周： 在 102 天内养成习惯的概率是 75%，胜利就在眼前													
99	100	101	102	103	104	105	106	107	108	109	110	111	112

引文来源及参考资料

①　出自韩国文化体育观光部，《2019 国民生活体育调查》

②　出自 P. M. Dubbert，"Physical activity and exercise — Recent advances and current challenges"

③　出自 Ekelund 等，"Physical activity and all-cause mortality across levels of overall and abdominal adiposity in European men and women — The European prospective investigation into cancer and nutrition study(EPIC)"

④　出自 J. L. Kraschnewski 等，"Long-term weight loss maintenance in the United States"

⑤　出自 C. Ayyad & T. Andersen，"Long-term efficacy of dietary treatment of obesity — A systematic review of studies published between 1931 and 1999"

⑥　出自 T. Mann, A. J. Tomiyama, E. Westling, A. M. Lew, B. Samuels & J. Chatman，"Medicare's search for effective obesity treatments — Diets are not the answer"

⑦　出自 C. P. Herman & J. Polivy，"The self-regulation of eating"

⑧　出自 E. De Vet, F. M. Stok, J. B. F. De Wit & D. T. D. De Ridder, "The habitual nature of unhealthy snacking — How powerful are habits in adolescence?"

⑨　出自 http://www.segye.com/newsView/20160304002312?OutUrl=naver

⑩ 出自 C. Ayyad & T. Andersen, "Long-term efficacy of dietary treatment of obesity — A systematic review of studies published between 1931 and 1999"

⑪ 出自 C. J. Cappelleri 等, "Evaluating the power of food scale in obese subjects and a general sample of individuals — Development and measurement properties"

⑫ 出自 E. De Vet 等, "Assessing self-regulation strategies — Development and validation of the tempest self-regulation questionnaire for eating(TESQ-E)in adolescents"

⑬ 出自 http://news.kbs.cokr/news/viewdo?ncd=4190965&ref=A

⑭ 出自 M. Czerwinski, E. Horvitz & S. Wilhite, "A diary study of task switching and interruptions"

⑮ 出自 G. Oettingen, H. B. Kappes, K. B. Guttenberg & P. M. Gollwitzer, "Self-regulation of time management — Mental contrasting with implementation intentions"

⑯ 出自 J. Dean, 《再见，三分钟热度》

⑰ 出自 J. G. Grzywacz, D. Segel-Karpas & M. E. Lachman, "Workplace exposures and cognitive function during adulthood"

⑱ 出自 L. J. Seiwert, 《德国人的时间管理方法》

⑲ 出自 M. Czerwinski, E. Horvitz & S. Wilhite, "A diary study of task switching and interruptions"

⑳ 出自 B. A. Dufrene, T. S. Watson & J. S. Kazmerski, "Functional analysis and treatment of nail biting"

㉑ 出自 T. Deckersbach, S. Rauch, U. Buhlmann & S. Wilhelm, "Habit reversal versus supportive psychotherapy in Tourette's disorder — A randomized controlled trial and predictors of treatment response"

㉒ 出自 C. Duhigg, 《习惯的力量》

㉓ 出自李承熙，朴智恩，《时尚物品购物狂的影响因素：普通购物和网上购物的比较》

㉔ 出自 K. McRae, K. N. Ochsner & J. J. Gross, "Self-regulation and spending — Evidence from impulsive and compulsive buying"

㉕ 出自李民奎，金乔轩，权善中，《解释购物成瘾（疯狂购物）现象的心理学模型之探索》

㉖ 出自李承熙，朴智恩，《时尚物品购物狂的影响因素：普通购物和网上购物的比较》

㉗ 出自南承奎，《消费者自我调节模型与冲动购买行为》

㉘ 出自 A. Pocheptsova, O. Amir, R. Dhar & R. F. Baumeister, "Deciding without resources — Resource depletion and choice in context"

㉙ 出自 M. Oaten & K. Cheng, "Improvements in self-control from financial monitoring"

㉚ 出自 D. W. Rook & M. P. Gardner, "In the mood — Impulse buying's affective antecedents"

㉛ 出自 A. Mathur, G. P. Moschis & E. Lee, "A longitudinal study of the effects of life status changes on changes in consumer preferences"

㉜ 出自 B. Chae & R. Zhu, "Environmental disorder leads to self-regulatory failure"

㉝ 出自 J. R. Hughes, S. B. Gulliver, J. W. Fenwick, W. A. Valliere, K. Cruser, S. Pepper 等, "Smoking cessation among self-quitters"

㉞ 出自 D. J. K. Balfour, "The neurobiology of tobacco dependence — A preclinical perspective on the role of the dopamine projections to the nucleus"

㉟ 出自 M. A. Sayette & K. M. Griffin, "Self-regulatory failure and addiction"

㊱ 出自 M. A. Sayette & K. M. Griffin, "Self-regulatory failure and addiction"

㊲ 出自 A. Fishbach & B. A. Converse, "Identifying and battling temptation"

㊳ 出自 C. J. Armitage, "A volitional help sheet to encourage smoking cessation — Arandomized exploratory trial"

㊴ 出自 C. J. Armitage, "Evidence that implementation intentions can overcome the effects of smoking habits"

㊵ 出自 X. Gine, D. Karlan, & J. Zinman, "Put your money where your butt is a commitment contract for smoking"

㊶ 出自 J. O. Prochaska & C. C. DiClemente, "Stages and processes of self-change of smoking — Toward an integrative model of change"

㊷　出自 S. Arbesman，《知识的半衰期》

㊸　出自 http://www.sedaily.com/NewsView/1OG2NJ3X3L

㊹　出自 E. Lindeman，"The meaning of adult education"